U0395690

格致方法·定量研究系列　吴晓刚　主编

协方差结构模型：
LISREL 导论

[美] J.斯科特·朗（J.Scott Long）　著

李忠路　译

SAGE Publications ,Inc.

格致出版社　上海人民出版社

出版说明

　　由香港科技大学社会科学部吴晓刚教授主编的"格致方法·定量研究系列"丛书,精选了世界著名的SAGE出版社定量社会科学研究丛书,翻译成中文,起初集结成八册,于2011年出版。这套丛书自出版以来,受到广大读者特别是年轻一代社会科学工作者的热烈欢迎。为了给广大读者提供更多的方便和选择,该丛书经过修订和校正,于2012年以单行本的形式再次出版发行,共37本。我们衷心感谢广大读者的支持和建议。

　　随着与SAGE出版社合作的进一步深化,我们又从丛书中精选了三十多个品种,译成中文,以飨读者。丛书新增品种涵盖了更多的定量研究方法。我们希望本丛书单行本的继续出版能为推动国内社会科学定量研究的教学和研究作出一点贡献。

总　序

　　2003年,我赴港工作,在香港科技大学社会科学部教授研究生的两门核心定量方法课程。香港科技大学社会科学部自创建以来,非常重视社会科学研究方法论的训练。我开设的第一门课"社会科学里的统计学"(Statistics for Social Science)为所有研究型硕士生和博士生的必修课,而第二门课"社会科学中的定量分析"为博士生的必修课(事实上,大部分硕士生在修完第一门课后都会继续选修第二门课)。我在讲授这两门课的时候,根据社会科学研究生的数理基础比较薄弱的特点,尽量避免复杂的数学公式推导,而用具体的例子,结合语言和图形,帮助学生理解统计的基本概念和模型。课程的重点放在如何应用定量分析模型研究社会实际问题上,即社会研究者主要为定量统计方法的"消费者"而非"生产者"。作为"消费者",学完这些课程后,我们一方面能够读懂、欣赏和评价别人在同行评议的刊物上发表的定量研究的文章;另一方面,也能在自己的研究中运用这些成熟的方法论技术。

　　上述两门课的内容,尽管在线性回归模型的内容上有少量重复,但各有侧重。"社会科学里的统计学"从介绍最基本的社会研究方法论和统计学原理开始,到多元线性回归模型结束,内容涵盖了描述性统计的基本方法、统计推论的原理、假设检验、列联表分析、方差和协方差分析、简单线性回归模型、多元线性回归模型,以及线性回归模型的假设和模型诊断。"社会科学中的定量分析"则介绍在经典线性回归模型的假设不成立的情况下的一些模型和方法,将重点放在因变量为定类数据的分析模型上,包括两分类的 logistic 回归模型、多分类 logistic 回归模型、定序 logistic 回归模型、条件 logistic 回归模型、多维列联表的对数线性和对数乘积模型、有关删节数据的模型、纵贯数据的分析模型,包括追踪研究和事件史的分析方法。这些模型在社会科学研究中有着更加广泛的应用。

修读过这些课程的香港科技大学的研究生,一直鼓励和支持我将两门课的讲稿结集出版,并帮助我将原来的英文课程讲稿译成了中文。但是,由于种种原因,这两本书拖了多年还没有完成。世界著名的出版社 SAGE 的"定量社会科学研究"丛书闻名遐迩,每本书都写得通俗易懂,与我的教学理念是相通的。当格致出版社向我提出从这套丛书中精选一批翻译,以飨中文读者时,我非常支持这个想法,因为这从某种程度上弥补了我的教科书未能出版的遗憾。

翻译是一件吃力不讨好的事。不但要有对中英文两种语言的精准把握能力,还要有对实质内容有较深的理解能力,而这套丛书涵盖的又恰恰是社会科学中技术性非常强的内容,只有语言能力是远远不能胜任的。在短短的一年时间里,我们组织了来自中国内地及香港、台湾地区的二十几位研究生参与了这项工程，他们当时大部分是香港科技大学的硕士和博士研究生，受过严格的社会科学统计方法的训练，也有来自美国等地对定量研究感兴趣的博士研究生。他们是香港科技大学社会科学部博士研究生蒋勤、李骏、盛智明、叶华、张卓妮、郑冰岛，硕士研究生贺光烨、李兰、林毓玲、肖东亮、辛济云、於嘉、余珊珊，应用社会经济研究中心研究员李俊秀；香港大学教育学院博士研究生洪岩璧；北京大学社会学系博士研究生李丁、赵亮员；中国人民大学人口学系讲师巫锡炜；中国台湾"中央"研究院社会学所助理研究员林宗弘；南京师范大学心理学系副教授陈陈；美国北卡罗来纳大学教堂山分校社会学系博士候选人姜念涛；美国加州大学洛杉矶分校社会学系博士研究生宋曦；哈佛大学社会学系博士研究生郭茂灿和周韵。

参与这项工作的许多译者目前都已经毕业，大多成为中国内地以及香港、台湾等地区高校和研究机构定量社会科学方法教学和研究的骨干。不少译者反映，翻译工作本身也是他们学习相关定量方法的有效途径。鉴于此，当格致出版社和 SAGE 出版社决定在"格致方法·定量研究系列"丛书中推出另外一批新品种时，香港科技大学社会科学部的研究生仍然是主要力量。特别值得一提的是，香港科技大学应用社会经济研究中心与上海大学社会学院自 2012 年夏季开始，在上海（夏季）和广州南沙（冬季）联合举办《应用社会科学研究方法研修班》，至今已经成功举办三届。研修课程设计体现"化整为零、循序渐进、中文教学、学以致用"的方针，吸引了一大批有志于从事定量社会科学研究的博士生和青年学者。他们中的不少人也参与了翻译和校对的工作。他们在繁忙的学习和研究之余，历经近两年的时间，完成了三十多本新书的翻译任务，使得"格致方法·定量研究系列"丛书更加丰富和完善。他们是：东南大学社会学系副教授洪岩璧，香港科技大学社会科学部博士研究生贺光烨、李忠路、王佳、王彦蓉、许多多，硕士研究生范新光、缪佳、武玲蔚、臧晓露、曾东林，原硕士研究生李兰，密歇根大学社会学系博士研究生王骁，纽约大学社会学系博士研究生温芳琪，牛津大学社会学系研究生周穆之，上海大学社会学院博士研究生陈伟等。

陈伟、范新光、贺光烨、洪岩璧、李忠路、缪佳、王佳、武玲蔚、许多多、曾东林、周穆之，以及香港科技大学社会科学部硕士研究生陈佳莹，上海大学社会学院硕士研究生梁海祥还协助主编做了大量的审校工作。格致出版社编辑高璇不遗余力地推动本丛书的继续出版，并且在这个过程中表现出极大的耐心和高度的专业精神。对他们付出的劳动，我在此致以诚挚的谢意。当然，每本书因本身内容和译者的行文风格有所差异，校对未免挂一漏万，术语的标准译法方面还有很大的改进空间。我们欢迎广大读者提出建设性的批评和建议，以便再版时修订。

我们希望本丛书的持续出版，能为进一步提升国内社会科学定量教学和研究水平作出一点贡献。

吴晓刚

于香港九龙清水湾

目 录

标注说明

黑体字母用来表示矩阵和向量,例如 **B** 表明 B 是一个矩阵。矩阵和向量的维度用($r \times c$)来表示,r 代表行的数量,c 代表列的数量。用带有下标的小写字母来表示矩阵的元素,例如 **B** 矩阵中的第(ij)个元素为 b_{ij},**x** 向量的第 i 个元素为 x_i。"$'$"表示转置矩阵,例如 **B**′ 是 **B** 的转置矩阵。带有上角标"-1"的矩阵用来表示逆矩阵,如 **B**$^{-1}$ 为 **B** 的逆矩阵。"COV"表示协方差,如果括号里面为两个变量,则 $COV(x_i, x_j)$ 表示两个变量之间的协方差,如果括号里是向量集合,比如($n \times 1$)维的 **x** 集合,那么 $COV(\mathbf{x})$ 就是($n \times n$)维的协方差矩阵,其中第(ij)个元素($i \neq j$)表示 x_i 和 x_j 之间的协方差,第(ii)个元素表示 x_i 的方差。同样,"COR"表示相关,$COR(x_i, x_j)$ 表示两个变量 x_i 和 x_j 之间的相关;$COR(\mathbf{x})$ 则为($n \times n$)维的相关矩阵,其中第(ij)个元素($i \neq j$)表示 x_i 和 x_j 之间的相关,第(ii)个元素为 1。"**E**"表示数学期望,如果 x_i 是随机变量,则 $E(x_i)$ 为变量 x_i 的期望值;如果 **x** 是个向量集,则 $E(\mathbf{x})$ 表示随机变量 x_i 的期望值中的第 i 个元素。

本书中的图标、方程、例子、表格等都按照章节的顺序来命名，如表 2.3 表示第 2 章中的第三张表；例 3.2 表示第 3 章中的第二个例子。需要注意的是，本书的例子可能是逐步延伸和发展的，如果在第 3 章中看到有多处例 3.2，读者应该注意，它们指的是同一个例子。

序

　　《协方差结构模型：LISREL 导论》直接建立在作者《验证性因子分析》（*Confirmatory Factor Analysis*）的基础上。建议不熟悉验证性因子分析模型的读者先行阅读《验证性因子分析》。掌握验证性因子分析模型和矩阵的相关知识有助于理解协方差结构模型。

　　在导论中，作者简单地介绍了测量模型、结构方程模型及整合了两者的协方差结构模型。在第 2 章中，作者在验证性因子模型的基础上讨论了测量模型。对于那些已经掌握了《验证性因子分析》的读者而言，本章的内容相当明了，应该不会遇到什么困难，只需稍加留意方程和参数的标注即可。

　　第 3 章介绍了结构方程模型。阅读本章时，读者需要掌握一些计量经济学中关于结构方程模型的知识。为了教学的方便，本章在介绍结构方程模型时，假定所有的变量都不含测量误差。作者会在其后的章节里放松这一假定，并将测量模型和结构方程模型结合起来。作者之所以分别介绍两种传统的定量研究方法（即心理学中的测量模型和计量经济学中的结构方程模型），是因为多数读者或许熟悉其中的一种方法，少数读者或许对这两种方法都比较熟悉。

从某种程度上来说，本书的第 3 章与作者的《验证性因子分析》是相互对应的。本章中，作者讨论了各种类型的结构方程模型、每种模型的识别和估计方法，以及关于模型拟合度的评价等。

第 4 章介绍了协方差结构方程模型。对于那些已经熟悉《验证性因子分析》和本书第 3 章的读者来说，本章仅仅是一篇综述。相对于验证性因子分析模型，协方差结构分析考虑到了潜变量之间的结构关系；而相对于结构方程模型，协方差结构分析意识到了社会科学中的大部分概念是无法被直接观测到的，因而整合了测量模型。虽然整合了两者的协方差结构分析增加了模型识别和估计的复杂性，但这更符合实际情况。本书还有助于拓宽读者的视野，并向读者介绍了心理学和计量经济学相互结合的丰硕成果。

约翰·L.沙利文

前　言

　　本书所介绍的统计模型可以被称做协方差结构模型、协方差结构分析、线性结构模型、矩阵结构模型、线性结构中的潜变量方程组，或常见的 LISREL 模型。本书采用协方差结构模型这一更为广泛的概念。协方差结构模型的估计需要复杂的统计软件，由约瑞斯科（Jöreskog）和索尔波姆（Sörbom）所发展的 LISREL 是目前应用最为广泛的协方差结构分析软件。LISREL 的重要性不仅体现在其软件功能上，而且这一词语已经成为代表数据分析的一种模型和方法。本书的副标题"LISREL 导论"也体现了其重要性。需要注意的是，本书并非关于如何使用 LISREL 软件的入门读物。

　　许多读者可能不熟悉复杂的协方差结构模型，但是他们或许已经掌握了这个模型的部分知识。因为协方差结构分析是由众所周知且极为重要的两种统计技术组成的。第一部分是心理学家经常使用的验证性因子分析；第二部分则是计量经济中的结构方程模型。读者如果至少熟悉其中的一种方法，就会比较容易理解本书的内容。

　　作者假定读者已经熟悉了《验证性因子分析》中所介绍

的验证性因子分析模型及数学工具。对结构方程模型感兴趣的读者也许会发现，本书的讨论对于参数等同限定及误差相关的估计会很有帮助。

全面理解协方差结构模型需要将其运用到实际的数据分析中，因此，我们鼓励读者运用本书附录中的数据去练习和再现书中的例子。如果能得到相似的结果，就表明读者已经很好地理解了本书的内容。一般的统计软件（如 SPSS、SAS、BMDP）通常没有关于协方差结构模型的估计程序，本书结尾会简单介绍一些可以应用于协方差结构分析的统计软件。

许多人对本书的出版给予了慷慨的建议和评价。我想在此表达对他们的感谢。他们是保罗·艾利森（Paul Allison）、格雷格·邓肯（Greg Duncan）、卡伦·普格利西（Karen Pugliesi）、杰伊·斯图尔特（Jay Stewart）、布莱尔·惠顿（Blair Wheaton）、罗纳德·舍恩伯格（Ronald Schoenberg），及两位匿名评阅人。卡罗尔·赫克曼（Carol Heckman）通读了本书和《验证性因子分析》的草稿，她的评阅极大地提高了本书的精确性和清晰性。当然，本书中的错误与上面提到的诸位无关。

第 *1* 章

导　论

协方差结构分析模型试图用比较少的潜变量来解释一组观测变量之间的关系。正如这个方法的名字所暗示的那样,观测变量之间关系的是包含在其协方差矩阵 Σ 中的。协方差结构分析假定观测变量之间的关系和特征是由一些潜变量决定的,通过测量模型将观测变量和潜变量连接起来,然后用结构模型来表示潜变量之间的关系。协方差矩阵 Σ 的相关分析就是用以描述这种结构的。

"协方差结构分析"这个术语是由博克(Bock)和巴格曼(Bargmann)(1996)引入的,他们曾用这个术语来描述现在被称做验证性因子分析的模型。自那以后,许多学者都为提升这个模型的综合性和普遍性作出了巨大贡献。这个模型从最初由博克和巴格曼引入的因子分析模型,经由很多中间模型的发展而成为极具普遍性的模型。在这个模型里,协方差矩阵 Σ 可以被看做任何参数的任何函数形式。关于这些中间模型的综述可以参阅本特勒和威克斯的论述(Bentler & Weeks, 1979)或者是本特勒(Bentler, 1980)等学者的论述。

尽管协方差结构模型在估计和应用上都有了长足的发展,但本书重点介绍由约瑞斯科(Jöreskog, 1973)、约瑞斯科和范西洛(Jöreskog & van Thillo, 1972)、基斯林(Keesling,

1972)和威利(Wiley，1973)等人引入的那些较为简洁但又普遍应用的模型。这些简洁模型将观测变量的协方差分解为概念上相互独立的两个部分。第一步，类似于心理测量学的做法，通过因子分析模型将观测变量和潜变量连接起来。第二步，类似于计量经济学的做法，用结构模型来设定潜变量之间的因果关系。协方差结构模型整合了心理测量学和计量经济学，可以同时设定因子模型和结构模型。这一整合很大程度上得益于戈德伯格(Goldberger)于 1970 年组织的结构方程模型会议(Goldberger & Duncan，1973)及其 1971 年关于结构方程模型程序的文章。

协方差结构模型的应用需要使用能够使得包含众多变量的函数方程最大化的高效的数值方法。1966 年，当时还在教育服务机构工作的约瑞斯科在这一领域作出了重大突破。一系列的程序被开发出来，最终发展成为著名的且被广泛使用于协方差结构模型分析的 LISREL 软件(Jöreskog & van Thillo，1972；Jöreskog & Sörbom，1976，1978，1981)。LISREL 为协方差结构模型的普及和应用作出了巨大的贡献，以致协方差结构模型常常被称做"LISREL 模型"。

本书中的协方差结构模型实际上是指那些被整合进 LISREL 的模型，下文统称"协方差结构模型"。我们之所以只关注 LISREL 中的协方差结构模型是基于以下三点考虑：第一，LISREL 中有许多程序可以估计协方差结构模型。这很重要，因为如果没有估计软件，我们很难应用这些模型。第二，更广泛的协方差结构模型对数学的要求超过了本书的范围。第三，这些模型包括了验证性因子分析、二阶因子分析、多指标模型、联立方程模型、追踪数据模型，以及方程和变量中含有误差项的结构方程模型等，这些模型应该可以满足大部分研究者的需求。

在本书中，我们首先分别介绍因子分析模型和结构方程模型，然后将它们整合到一起再来介绍协方差结构模型。第2章主要介绍协方差结构模型中的测量部分，这和验证性因子分析模型是相似的。第3章主要介绍协方差结构分析中的结构方程模型，它可以被看做只包含结构部分的协方差结构分析的一个特例。第4章的介绍同时整合了第2章中的因子模型和第3章中的结构模型的协方差结构模型。

下面，我们首先简要介绍每个模型中的数学结构。

因子分析模型假定观测变量是由较少的潜变量生成的，这些潜变量被称做因子。由于观测变量通常会含有测量误差，因此因子模型基本上可以被看做测量模型。例如图1.1中的模型，方框对应的是含有测量误差的观测变量，圆圈对应的是潜变量。顶部的两个圆圈中的潜变量分别对应着两个观测变量，表示这些观测变量是由潜变量产生的，这两个潜变量被称做共同因子。底部的每个圆圈分别对应一个观测变量，这些圆圈表示观测变量中不能由共同因子解释的部分，因此它们被称做独特因子或者测量误差。尽管可以知道观测变量之间的协方差，可是它们已经受到了测量误差的干扰。为了移除测量误差的影响，测量模型只估计图1.1中顶部两个共同因子之间的协方差。

图1.1中潜变量和观测变量之间的关系可以通过下列方程来表示：

$$x_1 = \lambda_{11}\xi_1 + \delta_1 \qquad x_2 = \lambda_{21}\xi_1 + \delta_2$$

$$x_3 = \lambda_{32}\xi_2 + \delta_3 \qquad x_4 = \lambda_{42}\xi_2 + \delta_4 \qquad [1.1]$$

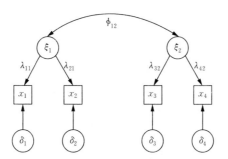

图 1.1　协方差结构模型中的测量部分

方程中的 x 是观测变量,ξ 是共同因子,δ 是独特因子,λ 是因子负载。因子负载是指共同因子一个单位的变化所引起的观测变量的变化。

　　通常,观测变量和潜变量之间的关系可以用下面的矩阵方程来表示(《验证性因子分析》中的方程 2.4):

$$\mathbf{x} = \mathbf{\Lambda}\boldsymbol{\xi} + \boldsymbol{\delta} \qquad [1.2]$$

$\mathbf{x}$ 是观测变量向量,$\boldsymbol{\xi}$ 是共同因子向量,$\boldsymbol{\delta}$ 是独特因子向量。从统计上来讲,测量模型的任务就是通过方程 1.2 所定义的观测变量和潜变量之间的关系来解释观测变量间的相互关系,这个模型是《验证性因子分析》一书的主题。

　　结构方程模型已被广泛应用于社会科学和行为科学。其最简单的形式就是只含有一个因变量的多元回归模型。例如在方程 1.3 中,所有的变量都假定已经均值对中。

$$y = \beta_1 x_1 + \beta_2 x_2 + \mathrm{e} \qquad [1.3]$$

y 是因变量,x 是自变量,x 和 y 的关系是由系数 β_1 和 β_2 来表示的;e 是误差项,表明 x 不能完美地预测 y。在第 3 章和第 4 章中,方程 1.3 将用以下方程来标示:

$$\eta_1 = \gamma_{11}\xi_1 + \gamma_{12}\xi_2 + \zeta_1$$

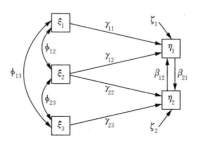

图 1.2 协方差结构模型中的结构部分

我们也可以通过包含递归或非递归因果关系的联立方程系统来构建更符合现实的模型。例如图 1.2 所展示的模型。该模型表明观测变量 η_1 是由观测变量 η_2、ξ_1 和 ξ_2 决定的，方程中的误差项 ζ_1 表明这三个变量并不能完全地解释 η_1。类似地，η_2 是由观测变量 η_1、ξ_2 和 ξ_3 决定的，同时包含误差项 ζ_2。这些结构关系可以通过下列方程来表示：

$$\eta_1 = \beta_{12}\eta_2 + \gamma_{11}\xi_1 + \gamma_{12}\xi_2 + \zeta_1$$
$$\eta_2 = \beta_{21}\eta_1 + \gamma_{22}\xi_2 + \gamma_{23}\xi_3 + \zeta_2 \qquad [1.4]$$

或者更为普遍的结构方程形式：

$$\boldsymbol{\eta} = \mathbf{B}\boldsymbol{\eta} + \boldsymbol{\Gamma}\boldsymbol{\xi} + \boldsymbol{\zeta} \qquad [1.5]$$

$\boldsymbol{\eta}$ 指不含测量误差的观测因变量的向量集，$\boldsymbol{\xi}$ 是不含测量误差的观测自变量的向量集，$\boldsymbol{\zeta}$ 是误差向量集，$\mathbf{B}$ 是因变量之间的回归系数矩阵，$\boldsymbol{\Gamma}$ 是自变量与因变量之间的回归系数矩阵。多元回归模型、路径分析、联立方程模型以及追踪数据分析等模型都是方程 1.5 的特例。我们将在第 3 章中详细介绍这些模型。

因子分析和结构方程模型是相互补充的。这是因为结构方程模型关于观测变量没有测量误差的假定通常是不现实的，所以需要引入观测变量的测量误差。而运用因子模型的研究者通常会对潜在因子的结构关系感兴趣，所以需要将结构方程模型和因子分析模型联系起来。协方差结构分析就是为了满足这种需要而产生的，它同时考虑了因子模型中变量的测量误差和结构方程中的误差。

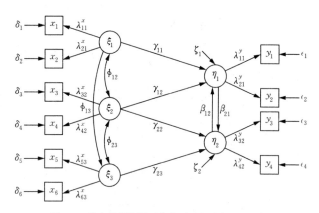

图 1.3 协方差结构模型中的测量部分与结构部分

图 1.3 是协方差结构分析的一个简单例子，图中的结构关系和图 1.2 相同。不同的是协方差结构分析中的结构模型所表示的是潜变量间的结构关系，而非观测变量间的结构关系。在协方差结构模型中，潜变量和观测变量的连接方式和因子模型是一样的，即通过带有箭头的线条将方框中的 x 和 y 与圆圈中的 η 和 ξ 连接起来。其数学表达与方程 1.1 是相同的，对于因变量而言，其测量模型如下：

$$y_1 = \lambda_{11}^y \eta_1 + \epsilon_1 \qquad y_2 = \lambda_{21}^y \eta_1 + \epsilon_2$$
$$y_3 = \lambda_{32}^y \eta_2 + \epsilon_3 \qquad y_4 = \lambda_{42}^y \eta_2 + \epsilon_4$$

对于自变量而言，其测量模型如下：

$$x_1 = \lambda_{11}^x \xi_1 + \delta_1 \qquad x_2 = \lambda_{21}^x \xi_1 + \delta_2$$

$$x_3 = \lambda_{32}^x \xi_2 + \delta_3 \qquad x_4 = \lambda_{42}^x \xi_2 + \delta_4$$

$$x_5 = \lambda_{53}^x \xi_3 + \delta_5 \qquad x_6 = \lambda_{63}^x \xi_3 + \delta_6$$

用更普遍的形式来表达，协方差结构模型包含三个方程。第一，用结构方程来设定潜变量之间的因果关系：

$$\boldsymbol{\eta} = \mathbf{B}\boldsymbol{\eta} + \boldsymbol{\Gamma}\boldsymbol{\xi} + \boldsymbol{\zeta} \qquad [1.6]$$

这和方程 1.5 的形式一样，不同的是这里的 $\boldsymbol{\eta}$ 和 $\boldsymbol{\xi}$ 所指的是潜变量，而非观测变量。

第二个和第三个方程和方程 1.2 的形式相同，是一对测量模型。第一个测量模型通过因子负载矩阵 $\boldsymbol{\Lambda}_x$ 将观测变量 x 和潜变量 ξ 连接起来：

$$\mathbf{x} = \boldsymbol{\Lambda}_x \boldsymbol{\xi} + \boldsymbol{\delta} \qquad [1.7]$$

$\boldsymbol{\delta}$ 表示 $\mathbf{x}$ 的测量误差。第二个测量模型通过因子负载矩阵 $\boldsymbol{\Lambda}_y$ 将观测变量 y 和潜变量 $\boldsymbol{\eta}$ 连接起来：

$$\mathbf{y} = \boldsymbol{\Lambda}_x \boldsymbol{\eta} + \boldsymbol{\epsilon} \qquad [1.8]$$

$\boldsymbol{\epsilon}$ 表示 $\mathbf{y}$ 的测量误差。测量方程 1.7 和 1.8 连同结构方程 1.6 共同组成了我们将在第 4 章中讨论的协方差结构模型。

第 **2** 章

测量模型

　　协方差结构模型的测量部分是由一对验证性因子分析模型构成的。本章将会介绍两个因子模型的具体形式及相关假设。由于参数的设定、估计、检验和解释都与《验证性因子分析》一书中的因子模型是一致的，因此，本书将不再讨论这些问题。

第 1 节 | 测量模型的设定

协方差结构模型包含两组因子模型。$\boldsymbol{\xi}$ 包含 **x** 中 q 个观测变量的 s 个共同因子；$\boldsymbol{\eta}$ 包含 **y** 中 p 个观测变量的 r 个共同因子。在协方差结构模型中，ξ 指结构模型中的外生潜变量（我们将会在第 3 章中定义相关术语）。观测变量和共同因子通过下列因子方程连接起来：

$$\mathbf{x} = \mathbf{\Lambda}_x \boldsymbol{\xi} + \boldsymbol{\delta} \qquad [2.1]$$

$$\mathbf{y} = \mathbf{\Lambda}_y \boldsymbol{\eta} + \boldsymbol{\epsilon} \qquad [2.2]$$

$\mathbf{\Lambda}_x$ 是 x 在 ξ 上的因子负载矩阵（q×s），其中 λ_{ij}^x 表示观测变量 x_i 在 ξ_j 上的因子负载，$\boldsymbol{\delta}$ 是 x 变量的独特因子（或测量误差）的向量集合（q×1）。同样，$\mathbf{\Lambda}_y$ 是 y 在 η 上的因子负载，其中 λ_{ij}^y 表示观测变量 y_i 在 η_j 上的因子负载，ϵ 是 y 变量的独特因子（或测量误差）的向量集合（p×1）。所有这些变量都假定已经均值对中：

$$\mathbf{E(x)} = \mathbf{E(\boldsymbol{\delta})} = 0 \qquad \mathbf{E(\boldsymbol{\xi})} = 0$$

$$\mathbf{E(y)} = \mathbf{E(\boldsymbol{\epsilon})} = 0 \qquad \mathbf{E(\boldsymbol{\eta})} = 0$$

每个方程中的公因子和独特因子都假定是不相关的，具体来讲：

$$E(\boldsymbol{\xi}\boldsymbol{\delta}') = 0 \quad \text{或者} \quad E(\boldsymbol{\delta}\boldsymbol{\xi}') = 0$$

$$E(\boldsymbol{\eta}\boldsymbol{\epsilon}') = 0 \quad \text{或者} \quad E(\boldsymbol{\epsilon}\boldsymbol{\eta}') = 0$$

表 2.1 简要列出了相关假定。协方差矩阵 $\boldsymbol{\Phi}(s \times s)$ 包含了 ξ 的方差和协方差，协方差矩阵 $\boldsymbol{\Theta}_\delta(q \times q)$ 包含了 δ 的方差和协方差，协方差矩阵 $\boldsymbol{\Theta}_\epsilon(p \times p)$ 包含了 ϵ 的方差和协方差，η 的方差和协方差则包含在对称矩阵 $\text{COV}(\boldsymbol{\eta})(r \times r)$ 中。我们没有给矩阵 $\text{COV}(\boldsymbol{\eta})$ 一个独特的字母（如 $\boldsymbol{\Phi}$ 代表 ξ 的方差和协方差矩阵）是因为在协方差结构模型中，$\text{COV}(\boldsymbol{\eta})$ 是通过其他参数来定义的，这点我们会在第 3 章中详细介绍。

表 2.1　协方差结构模型测量部分

矩阵	维度	均值	协 方 差	维度	注　释
$\boldsymbol{\xi}$	$(s \times 1)$	0	$\boldsymbol{\Phi} = E(\boldsymbol{\xi}\boldsymbol{\xi}')$	$(s \times s)$	外生共同因子
$\mathbf{x}$	$(q \times 1)$	0	$\boldsymbol{\Sigma}_{xx} = E(\mathbf{xx}')$	$(q \times q)$	外生观测变量
$\boldsymbol{\Lambda}_x$	$(q \times s)$	—	—	—	$\mathbf{x}$ 在 $\boldsymbol{\xi}$ 上的因子负载
$\boldsymbol{\delta}$	$(q \times 1)$	0	$\boldsymbol{\Theta}_\delta = E(\boldsymbol{\delta}\boldsymbol{\delta}')$	$(q \times q)$	$\mathbf{x}$ 的独特因子
$\boldsymbol{\eta}$	$(r \times 1)$	0	$\text{COV}(\boldsymbol{\eta}) = E(\boldsymbol{\eta}\boldsymbol{\eta}')$	$(r \times r)$	内生共同因子
$\mathbf{y}$	$(p \times 1)$	0	$\boldsymbol{\Sigma}_{yy} = E(\mathbf{yy}')$	$(p \times p)$	内生观测变量
$\boldsymbol{\Lambda}_y$	$(p \times r)$	—	—	—	$\mathbf{y}$ 在 $\boldsymbol{\eta}$ 上的因子负载
$\boldsymbol{\epsilon}$	$(p \times 1)$	0	$\boldsymbol{\Theta}_\epsilon = E(\boldsymbol{\epsilon}\boldsymbol{\epsilon}')$	$(p \times p)$	$\mathbf{y}$ 的独特因子

注：因子方程：

$$\mathbf{x} = \boldsymbol{\Lambda}_x\boldsymbol{\xi} + \boldsymbol{\delta} \qquad [2.1]$$

$$\mathbf{y} = \boldsymbol{\Lambda}_y\boldsymbol{\eta} + \boldsymbol{\epsilon} \qquad [2.2]$$

协方差方程：

$$\boldsymbol{\Sigma} = \left[\begin{array}{c|c} \boldsymbol{\Lambda}_y\text{COV}(\boldsymbol{\eta})\boldsymbol{\Lambda}_y' + \boldsymbol{\Theta}_\epsilon & \boldsymbol{\Lambda}_y\text{COV}(\boldsymbol{\eta}, \boldsymbol{\xi})\boldsymbol{\Lambda}_x' \\ \hline \boldsymbol{\Lambda}_x\text{COV}(\boldsymbol{\xi}, \boldsymbol{\eta})\boldsymbol{\Lambda}_y' & \boldsymbol{\Lambda}_x\boldsymbol{\Phi}\boldsymbol{\Lambda}_x' + \boldsymbol{\Theta}_\delta \end{array} \right] \qquad [2.3]$$

假设：

（1）所有变量的均值为 0（对中）：$E(\mathbf{x}) = E(\boldsymbol{\delta}) = 0$；$E(\boldsymbol{\xi}) = 0$；$E(\mathbf{y}) = 0$；$E(\boldsymbol{\epsilon}) = 0$；$E(\boldsymbol{\eta}) = 0$；

（2）共同因子与独特因子不相关：$E(\boldsymbol{\xi}\boldsymbol{\delta}') = 0$ 或 $E(\boldsymbol{\delta}\boldsymbol{\xi}') = 0$；$E(\boldsymbol{\eta}\boldsymbol{\epsilon}') = 0$ 或者 $E(\boldsymbol{\epsilon}\boldsymbol{\eta}') = 0$；$E(\boldsymbol{\xi}\boldsymbol{\epsilon}') = 0$ 或 $E(\boldsymbol{\epsilon}\boldsymbol{\xi}') = 0$；$E(\boldsymbol{\eta}\boldsymbol{\delta}') = 0$ 或者 $E(\boldsymbol{\delta}\boldsymbol{\eta}') = 0$；

（3）不同方程中的独特因子不相关：$E(\boldsymbol{\epsilon}\boldsymbol{\delta}') = 0$ 或 $E(\boldsymbol{\epsilon}'\boldsymbol{\delta}) = 0$。

协方差结构模型测量部分的设定包含在 $\mathbf{\Lambda}_x$，$\mathbf{\Lambda}_y$，$\boldsymbol{\phi}$，$\mathbf{\Theta}_\delta$，$\mathbf{\Theta}_\varepsilon$ 等五个参数矩阵中，可以限定某些参数相等或者限定某套参数相等。

如果将方程 2.1 中的 $\mathbf{\Lambda}_x$ 替换为 $\mathbf{\Lambda}$，方程 2.2 中的 $\mathbf{\Lambda}_y$，$\boldsymbol{\eta}$ 和 $\mathrm{COV}(\boldsymbol{\eta})$ 替换为 $\mathbf{\Lambda}_x$，$\mathbf{\Lambda}$，$\boldsymbol{\xi}$，$\boldsymbol{\Phi}$，$\boldsymbol{\delta}$，那么方程 2.1 和方程 2.2 中的每一个因子模型都和《验证性因子分析》中所描述的模型是相同的。但是，将两个因子模型连接起来需要一些新的假定。

第 2 节 │ **两个因子模型之间的关系**

尽管有些变量可以在两个因子模型之间是相关的，然而有些假定则是不能相关的。观测变量 x 和 y 可以相关，它们的协方差包含在矩阵 $\Sigma_{xy}(q \times p)$ 中，其中第 (i, j) 个元素表示 x_i 和 y_j 之间的协方差。类似地，外生潜变量 ξ 和内生潜变量 η 也可以相关，它们的协方差则包含在矩阵 $COV(\eta, \xi)$ $(r \times s)$ 中。

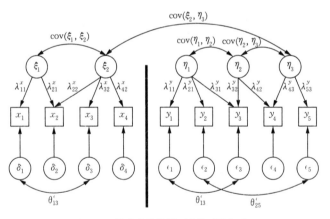

图 2.1　协方差结构模型中的测量部分

我们假定在同一因子模型中，独特因子与共同因子是不相关的，在不同因子模型中，独特因子与共同因子也是不相关的，即

$$\mathbf{E}(\xi\epsilon') = 0 \ \text{或} \ \mathbf{E}(\epsilon\xi') = 0$$
$$\mathbf{E}(\eta\delta') = 0 \ \text{或} \ \mathbf{E}(\delta\eta') = 0$$

尽管 δ 与 ϵ 矩阵的内部元素是可以相关的,但是 δ 和 ϵ 之间是不能相关的,即

$$\mathbf{E}(\delta\epsilon') = 0 \ \text{或} \ \mathbf{E}(\epsilon\delta') = 0$$

最后假定观测变量 x 的因子负载不能落在潜变量 η 上,而观测变量 y 的因子负载也不能落在潜变量 ξ 上。

图 2.1 展示了测量模型的相关假定。圆圈代表潜变量,矩形代表观测变量,连接两个变量的双箭头表示这两个变量是相关的,单向箭头表示起点变量影响箭头指向的变量。中间较粗的实线将两个因子模型分开,观测变量间的相关或者因子负载不能跨越这条线。

第 3 节 | 协方差结构

既然 η 和 ξ 都是不可观测的,模型参数就必须通过观测变量的方差和协方差来估计。验证性因子模型的估计方法(详参《验证性因子分析》)有助于我们考虑如何将观测变量之间的方差与协方差和模型参数联系起来。

定义 $\boldsymbol{\Sigma}$ 为包含了总体中观测变量方差与协方差的矩阵:

$$\boldsymbol{\Sigma} = \mathrm{E}\left[\left[\begin{array}{c} \mathbf{y} \\ \mathbf{x} \end{array}\right]\left[\begin{array}{c} \mathbf{y} \\ \mathbf{x} \end{array}\right]'\right] = \left[\begin{array}{c|c} \mathrm{E}(\mathbf{yy'}) & \mathrm{E}(\mathbf{yx'}) \\ \hline \mathrm{E}(\mathbf{xy'}) & \mathrm{E}(\mathbf{xx'}) \end{array}\right]$$

用方程 2.1 和方程 2.2 替换其中的 $\mathbf{x}$ 和 $\mathbf{y}$:

$$\boldsymbol{\Sigma} = \left[\begin{array}{c|c} \mathrm{E}\left[(\boldsymbol{\Lambda}_y\boldsymbol{\eta}+\boldsymbol{\epsilon})(\boldsymbol{\Lambda}_y\boldsymbol{\eta}+\boldsymbol{\epsilon})'\right] & \mathrm{E}\left[(\boldsymbol{\Lambda}_y\boldsymbol{\eta}+\boldsymbol{\epsilon})(\boldsymbol{\Lambda}_x\boldsymbol{\xi}+\boldsymbol{\delta})'\right] \\ \hline \mathrm{E}\left[(\boldsymbol{\Lambda}_x\boldsymbol{\xi}+\boldsymbol{\delta})(\boldsymbol{\Lambda}_y\boldsymbol{\eta}+\boldsymbol{\epsilon})'\right] & \mathrm{E}\left[(\boldsymbol{\Lambda}_x\boldsymbol{\xi}+\boldsymbol{\delta})(\boldsymbol{\Lambda}_x\boldsymbol{\xi}+\boldsymbol{\delta})'\right] \end{array}\right]$$

运用模型中关于某些变量不能相关的假定,然后通过一系列的数学变换(将此矩阵转置、相乘,然后取其期望),矩阵 $\boldsymbol{\Sigma}$ 可以被写作如下形式:

$$\boldsymbol{\Sigma} = \left[\begin{array}{c|c} \boldsymbol{\Lambda}_y COV(\boldsymbol{\eta})\boldsymbol{\Lambda}_y' + \boldsymbol{\Theta}_\epsilon & \boldsymbol{\Lambda}_y COV(\boldsymbol{\eta},\ \boldsymbol{\xi})\boldsymbol{\Lambda}_x' \\ \hline \boldsymbol{\Lambda}_x COV(\boldsymbol{\xi},\ \boldsymbol{\eta})\boldsymbol{\Lambda}_y' & \boldsymbol{\Lambda}_x \boldsymbol{\Phi}\boldsymbol{\Lambda}_x' + \boldsymbol{\Theta}_\delta \end{array}\right] \quad [2.3]$$

读者或许想知道方程 2.3 的推导过程,但是其推导过程对于理解这个模型并非必需的。最为重要的是方程 2.3 将观

测变量 x 和 y 的方差与协方差分解成了因子负载矩阵 $\boldsymbol{\Lambda}_x$ 和 $\boldsymbol{\Lambda}_y$、共同因子 ξ 和 η 的方差与协方差矩，以及独特因子 δ 和 ϵ 的方差与协方差矩阵。协方差矩阵 $\boldsymbol{\Sigma}$ 会受到这些参数矩阵的相关假定的影响。而模型参数的估计就是通过方程 2.3 再现样本中的方差与协方差矩阵。

第 4 节 | 小结

本章介绍了协方差结构模型中的测量部分。尽管验证性因子分析模型在《验证性因子分析》中是一种强大的统计模型,但其在本章中只是用于将观测变量与潜在因子联系起来,其目的是设定这些因子之间的关系。下一章将介绍协方差结构分析中的结构部分。

第**3**章

结构方程模型

　　结构方程模型负责设定协方差结构分析中潜变量的因果关系。为简便教学，本章假定协方差结构中的潜变量都是可以直接观测的。这种简化有助于读者理解协方差结构分析中的结构部分，同时读者也可以借助计量经济学文献中关于观测变量结构方程模型的相关知识（按照难度递增的顺序，参考 Hanushek & Jackson，1977；Wonnacott，1979；Theil，1971）。本章关于结构方程模型的设定、识别及解释的讨论，都可以直接应用于第 4 章协方差结构分析中的结构方程模型。

　　假定不含测量误差的第二个优势是很多协方差结构分析软件在估计含有参数限定的结构方程模型时极为便利。结构方程分析中关于参数的限定在社会科学中很常见，尤其是在追踪数据模型中。确实，目前为止，许多学者（Kessler & Greenberg，1981）建议追踪数据模型可以通过协方差结构模型软件来估计，但却没有给出具体的操作方法，本章的第二个目的就是填补这一空白。

第 1 节 │ **数学模型**

结构方程模型设定了一组变量间的因果关系。模型中被解释的变量称做内生变量，内生变量可以由其他内生变量或者外生变量来解释。外生变量则是由模型之外的变量决定的，不能被模型解释。

定义 $\boldsymbol{\eta}$ 为 $(r \times 1)$ 维的内生向量集合，$\boldsymbol{\xi}$ 为 $(s \times 1)$ 维的外生向量集合。模型假定这些变量是通过线性结构方程系统联系的。

$$\boldsymbol{\eta} = \mathbf{B}\boldsymbol{\eta} + \boldsymbol{\Gamma}\boldsymbol{\xi} + \boldsymbol{\zeta} \qquad [3.1]$$

$\mathbf{B}$ 是一个 $(r \times r)$ 维内生变量关系的系数矩阵；$\boldsymbol{\Gamma}$ 是 $(r \times s)$ 维的外生变量与内生变量关系的系数矩阵；$\boldsymbol{\zeta}$ 是 $(r \times 1)$ 维的用来表明内生变量不能被结构方程所解释的误差向量集合。

方程 3.1 被视为结构方程，是因为它描述了变量间所假定的因果结构。限定 $\mathbf{B}$ 和 $\boldsymbol{\Gamma}$ 中的部分元素为 0 则意味着相对应的变量间没有因果关系。限定 $\boldsymbol{\Gamma}$ 矩阵中的第 ij 个元素为 $0(\gamma_{ij}=0)$ 则表明外生变量 ξ_j 对内生变量 η_i 没有影响。相似地，如果 $\mathbf{B}$ 矩阵中的第 ij 个元素为 $0(\beta_{ij}=0)$，则表明内生变量 η_i 不受内生变量 η_j 的影响。$\mathbf{B}$ 矩阵的对角线为 0，表明内生变量不受其自身的影响。

方程 3.1 两边同时减去 $\mathbf{B}\boldsymbol{\eta}$，得到 $\boldsymbol{\eta} - \mathbf{B}\boldsymbol{\eta} = \boldsymbol{\Gamma}\boldsymbol{\xi} + \boldsymbol{\zeta}$，将 $\ddot{\mathbf{B}}$ 定义为 $(\mathbf{I} - \mathbf{B})$，则：

$$\ddot{\mathbf{B}}\boldsymbol{\eta} = \boldsymbol{\Gamma}\boldsymbol{\xi} + \boldsymbol{\zeta} \qquad [3.2]$$

尽管方程 3.2 在计量经济学的文献中更为常见，可是方程 3.1 更便于解释。$\mathbf{B}$ 的符号为正则表明两个内生变量之间存在正向关系，可是 $\ddot{\mathbf{B}}$ 的符号为正则表明了负向关系。由于 $\ddot{\mathbf{B}}$ 更便于表示一组结果，因此通常用来代表 $(\mathbf{I} - \mathbf{B})$。

本章中的结构方程模型假定所有变量的均值为 0，即 $\mathbf{E}(\boldsymbol{\eta}) = \mathbf{E}(\boldsymbol{\zeta}) = 0$，$\mathbf{E}(\boldsymbol{\xi}) = 0$。由于结构参数包含在 $\mathbf{B}$ 和 $\boldsymbol{\Gamma}$ 矩阵中，并不会受到这一假定的影响，所以这个假定并不影响结构方程模型的普适性。

正如在因子模型中假定独特因子和共同因子不相关，结构方程模型中同样假定内生变量方程的误差和内生变量自身也是不相关的，即 $\mathbf{E}(\boldsymbol{\xi}\boldsymbol{\zeta}') = \mathbf{0}$ 或 $\mathbf{E}(\boldsymbol{\zeta}'\boldsymbol{\xi}) = \mathbf{0}$。

结构方程模型还假定 $\ddot{\mathbf{B}} = (\mathbf{I} - \mathbf{B})$ 是非奇异矩阵（即 $\ddot{\mathbf{B}}^{-1}$ 存在），但是这个假定要求并不严格，仅是表明模型中没有冗余的方程。

表 3.1 列出了结构方程模型的相关矩阵。残差 $\boldsymbol{\zeta}$ 的协方差包含在 $(r \times r)$ 维的对阵矩阵 $\boldsymbol{\Psi}$ 中，既然 $\boldsymbol{\xi}$ 假定均值为 0，即 $\mathbf{E}(\boldsymbol{\zeta}_i) = 0$，矩阵 $\boldsymbol{\Psi}$ 可以被定义为 $\boldsymbol{\Psi} = \mathbf{E}(\boldsymbol{\zeta}\boldsymbol{\zeta}')$。尽管除对角线的所有元素都可以限定为 0 以表示两个方程中的误差是不相关的，但矩阵 $\boldsymbol{\Psi}$ 的值是不知道的。$\boldsymbol{\Phi}$ 为 $(s \times s)$ 维的对称矩阵，表示外生变量的协方差。同样由于假定外生变量的均值为 0，$\boldsymbol{\Phi} = \mathbf{E}(\boldsymbol{\xi}\boldsymbol{\xi}')$。

表 3.1　协方差结构模型中的结构部分

矩阵	维度	均值	协　方　差	维度	注　　释
$\boldsymbol{\eta}$	$(r \times 1)$	$\mathbf{0}$	$COV(\boldsymbol{\eta}) = E(\boldsymbol{\eta}\boldsymbol{\eta}')$	$(r \times r)$	内生变量
$\boldsymbol{\xi}$	$(s \times 1)$	$\mathbf{0}$	$\boldsymbol{\Phi} = E(\boldsymbol{\xi}\boldsymbol{\xi}')$	$(s \times s)$	外生变量
$\boldsymbol{\zeta}$	$(r \times 1)$	$\mathbf{0}$	$\boldsymbol{\Psi} = E(\boldsymbol{\zeta}\boldsymbol{\zeta}')$	$(r \times r)$	方程误差
$\mathbf{B}$	$(r \times r)$	—	—	—	内生变量间的直接效应
$\ddot{\mathbf{B}}$	$(r \times r)$	—	—	—	$(\mathbf{I} - \mathbf{B})$
$\boldsymbol{\Gamma}$	$(r \times s)$	—	—	—	外生变量对内生变量的直接效应

注:结构方程:

$$\boldsymbol{\eta} = \mathbf{B}\boldsymbol{\eta} + \boldsymbol{\Gamma}\boldsymbol{\xi} + \boldsymbol{\zeta} \qquad [3.1]$$

$$\ddot{\mathbf{B}}\boldsymbol{\eta} = \boldsymbol{\Gamma}\boldsymbol{\xi} + \boldsymbol{\zeta} \qquad [3.2]$$

简化形式:

$$\boldsymbol{\eta} = \ddot{\mathbf{B}}^{-1}\boldsymbol{\Gamma}\boldsymbol{\xi} + \ddot{\mathbf{B}}^{-1}\boldsymbol{\zeta} \qquad [3.4]$$

协方差方程:

$$\boldsymbol{\Sigma} = \left[\begin{array}{c|c} \ddot{\mathbf{B}}^{-1}(\boldsymbol{\Gamma}\boldsymbol{\Phi}\boldsymbol{\Gamma}' + \boldsymbol{\Psi})\ddot{\mathbf{B}}'^{-1} & \ddot{\mathbf{B}}^{-1}\boldsymbol{\Gamma}\boldsymbol{\Phi} \\ \hline \boldsymbol{\Phi}\boldsymbol{\Gamma}'\ddot{\mathbf{B}}'^{-1} & \boldsymbol{\Phi} \end{array} \right] \qquad [3.5]$$

假设:

(1) 所有的变量都假定均值为 0:$E(\boldsymbol{\eta}) = E(\boldsymbol{\xi}) = E(\boldsymbol{\zeta}) = \mathbf{0}$;

(2) 内生变量的误差和内生变量自身也是不相关的:$E(\boldsymbol{\xi}\boldsymbol{\zeta}') = \mathbf{0}$ 或 $E(\boldsymbol{\zeta}'\boldsymbol{\xi}) = \mathbf{0}$;

c. 没有冗余的方程:$\ddot{\mathbf{B}} = (\mathbf{I} - \mathbf{B})^{-1}$ 存在。

　　通过这些假定,我们可以定义一系列的协方差矩阵。方程的误差项 $\boldsymbol{\zeta}$ 包含在对阵矩阵 $\boldsymbol{\Psi}(r \times r)$ 中,由于假定误差项的均值为 0,即 $E(\zeta_i) = 0$,$\boldsymbol{\Psi}$ 可以写为 $\boldsymbol{\Psi} = E(\boldsymbol{\zeta}\boldsymbol{\zeta}')$,尽管假定 $\boldsymbol{\Psi}$ 矩阵中的非对角线元素为 0(即不同方程中的误差项不相关),$\boldsymbol{\Psi}$ 的值仍是未知的。外生变量的协方差矩阵包含在对阵矩阵 $\boldsymbol{\Phi}(s \times s)$ 中。

　　下面我们通过几个例子来展现这些假定及结构方程模型的灵活性。

例3.1:多元回归

下面的方程表示含有一个内生变量和三个外生变量的结构方程模型:

$$[\eta_1] = [\underline{0}] [\eta_1] + [\gamma_{11} \, \gamma_{12} \, \gamma_{13}] \begin{bmatrix} \xi_1 \\ \xi_2 \\ \xi_3 \end{bmatrix} + [\zeta_1]$$

或者写为:$\eta_1 = \gamma_{11}\xi_1 + \gamma_{12}\xi_2 + \gamma_{13}\xi_3 + \zeta_1$(这里及本书的其他地方,含有下划线的数字表示其对应的参数等于该数字)。$\mathbf{\Phi}$ 矩阵包含了总体中 ξ_1, ξ_2, ξ_3 的方差与协方差:

$$\mathbf{\Phi} = \begin{bmatrix} \text{VAR}(\xi_1) & \text{COV}(\xi_1, \xi_2) & \text{COV}(\xi_1, \xi_3) \\ \text{COV}(\xi_2, \xi_1) & \text{VAR}(\xi_2) & \text{COV}(\xi_2, \xi_3) \\ \text{COV}(\xi_3, \xi_1) & \text{COV}(\xi_3, \xi_2) & \text{VAR}(\xi_3) \end{bmatrix}$$

$$= \begin{bmatrix} \phi_{11} & \phi_{12} & \phi_{13} \\ \phi_{21} & \phi_{22} & \phi_{23} \\ \phi_{31} & \phi_{32} & \phi_{33} \end{bmatrix}$$

$\mathbf{\Psi}$ 仅包含方程中误差项的方差:$\mathbf{\Psi} = [\Psi_{11}]$。例3.1是最简单的结构方程模型,等同于只有一个方程的多元回归模型。//[1]

例3.2:追踪数据模型

通过增加一系列的方程,例3.1中的模型可以变得更加复杂。例3.2来自惠顿(Wheaton,1978)关于心理失调的追踪数据分析模型的变形。图3.1设定了父亲的社会经济地位(ξ_1),

研究对象三个时期的社会经济地位（η_1，η_2 和 η_4），以及研究对象在两个时点上的心理失调症状（η_3 和 η_5）。原文中有两个关于心理失调的指标，本例中只有一个指标，即假定该变量没有测量误差。第 4 章会介绍含有两个测量指标的原模型。

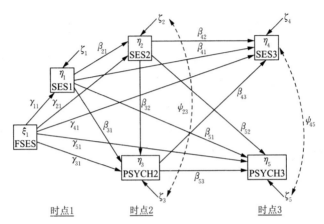

注：FSES 为父亲的社会经济地位；SES1 为研究对象时点 1 时的社会经济地位；SES2 为研究对象时点 2 时的社会经济地位；SES3 为研究对象时点 3 时的社会经济地位；PSY2 为时点 2 时心理失调症状的数目；PSY3 为时点 3 时心理失调症状的数目；PSY2 为时点 2 时精神生理失调症状的数目；PSY3 为时点 3 时精神生理失调症状的数目。

资料来源：Wheaton, 1978。

图 3.1　心理失调的结构模型

图 3.1 中的结构方程模型为：

$$
\begin{bmatrix} \eta_1 \\ \eta_2 \\ \eta_3 \\ \eta_4 \\ \eta_5 \end{bmatrix} = \begin{bmatrix} \underline{0} & 0 & 0 & 0 & 0 \\ \beta_{21} & \underline{0} & 0 & 0 & 0 \\ \beta_{31} & \beta_{32} & \underline{0} & 0 & 0 \\ \beta_{41} & \beta_{42} & \beta_{43} & \underline{0} & 0 \\ \beta_{51} & \beta_{52} & \beta_{53} & \underline{0} & \underline{0} \end{bmatrix} \begin{bmatrix} \eta_1 \\ \eta_2 \\ \eta_3 \\ \eta_4 \\ \eta_5 \end{bmatrix} + \begin{bmatrix} \gamma_{11} \\ \gamma_{21} \\ \gamma_{31} \\ \gamma_{41} \\ \gamma_{51} \end{bmatrix} \begin{bmatrix} \xi_1 \end{bmatrix} + \begin{bmatrix} \xi_1 \\ \xi_2 \\ \xi_3 \\ \xi_4 \\ \xi_5 \end{bmatrix}
$$

$$[3.3]$$

既然只有一个外生变量,$\mathbf{\Phi}=[\mathrm{VAR}(\xi_1)]$。

　　方程中残差的协方差包含在矩阵 $\mathbf{\Psi}$ 中。此处 $\mathbf{\Psi}$ 可以有两种设定:第一,假定方程中所有变量的误差都不相关,即将 $\mathbf{\Psi}$ 限定为对角线矩阵。第二,假定其中某些残差是相关的,这更符合实际情况,在图 3.1 中用虚线的双箭头来表示。这些设定表明在同一时期内,研究对象的社会经济地位与其心理失调的症状是相关的。如果模型没有正确设定同时影响社会经济地位和心理失调症状的变量,就会发生这种情况。由于此种错误模型设定所造成的误差也会出现在时点 2 的 ζ_2 和 ζ_3 中以及和时点 3 的 ζ_4 和 ζ_5,因此这两对误差也是相关的。我们会在模型的设定和估计中讨论 $\mathbf{\Psi}$ 矩阵设定的重要性。含有这些限制 $\mathbf{\Psi}$ 矩阵的设定如下://

$$\mathbf{\Psi}=\begin{bmatrix} \psi_{11} & 0 & 0 & 0 & 0 \\ 0 & \psi_{22} & \psi_{23} & 0 & 0 \\ 0 & \psi_{32} & \psi_{33} & 0 & 0 \\ 0 & 0 & 0 & \psi_{44} & \psi_{45} \\ 0 & 0 & 0 & \psi_{54} & \psi_{55} \end{bmatrix}$$

例 3.3:同时因果关系

　　本例来自经常被引用的邓肯及其同事(Duncan et al.,1971)的模型。在这个模型中(图 3.2),研究对象及其朋友的特征被用来预测本人及朋友的期望。原文中用了两个指标来测量期望:职业期望和教育期望。本章只采用教育期望这一个指标,η_1 为研究对象的教育期望,η_2 为研究对象的朋友的教育期望。模型中共有六个外生变量:ξ_1 测量研究对象的父母对其的期望,ξ_2 测量研究对象的智力水平(IQ),ξ_3 测量研究对象的社会经济地位(SES),ξ_6 测量研究对象朋友的父母的期望,ξ_5 测量研究对象朋友的智力水平(IQ),ξ_4 测量研究对象朋友的社会经济地位(SES)。

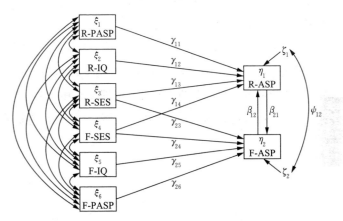

注:R-PASP 为研究对象父母的期望;R-IQ 为研究对象的 IQ；R-SES 为研究对象的社会经济地位;F-SES 为研究对象朋友的社会经济地位;F-IQ 为研究对象朋友的 IQ; F-PASP 为研究对象朋友父母的期望;R-ASP 为研究对象的期望;F-ASP 为研究对象朋友的期望。

资料来源:Duncan et al., 1971。

图 3.2　同辈对期望影响的结构方程模型

这个模型的结构方程表达如下:

$$
\begin{bmatrix} \eta_1 \\ \eta_2 \end{bmatrix} = \begin{bmatrix} \underline{0} & \beta_{12} \\ \beta_{21} & \underline{0} \end{bmatrix} \begin{bmatrix} \eta_1 \\ \eta_2 \end{bmatrix} + \begin{bmatrix} \gamma_{11} & \gamma_{12} & \gamma_{13} & \gamma_{14} & \underline{0} & \underline{0} \\ \underline{0} & \underline{0} & \gamma_{23} & \gamma_{24} & \gamma_{25} & \gamma_{26} \end{bmatrix} \begin{bmatrix} \xi_1 \\ \xi_2 \\ \xi_3 \\ \xi_4 \\ \xi_5 \\ \xi_6 \end{bmatrix} + \begin{bmatrix} \xi_1 \\ \xi_2 \end{bmatrix}
$$

即研究对象的期望（η_1）会受到其父母的期望（ξ_1）、智力水平（ξ_2）、社会经济地位（ξ_3）及其朋友的社会经济地位（ξ_4）的影响（$\gamma_{11} \neq 0$，$\gamma_{12} \neq 0$，$\gamma_{13} \neq 0$，$\gamma_{14} \neq 0$，$\gamma_{15} = 0$，$\gamma_{16} = 0$）。同样，研究对象朋友的期望（η_2）会受到其父母的期望（ξ_6）、智力水平（ξ_5）、社会经济地位（ξ_4）及其研究对象的社会经济地位的影响（ξ_3）（$\gamma_{23} \neq 0$，$\gamma_{24} \neq 0$，$\gamma_{25} \neq 0$，$\gamma_{26} \neq 0$，$\gamma_{21} = 0$，$\gamma_{22} = 0$）。该模型还设定研究对象及其朋友的期望相互影响（$\beta_{12} \neq 0$，$\beta_{21} \neq 0$），并预测研究对象期望的方程的误差与预测研究对象朋友期望的方程的误差是相关的，这是因为模型可能没有包含同时影响研究对象及其朋友期望的变量。//

第 2 节 | 协方差结构

我们可以通过方程 3.1 来定义内生变量之间的协方差、外生变量的协方差（$\boldsymbol{\Phi}$），及残差项的协方差（$\boldsymbol{\Psi}$）。由于假定 $\ddot{\mathbf{B}}$ 是非奇异矩阵，因此方程 3.2 两边同时乘以 $\ddot{\mathbf{B}}$ 的逆矩阵，得到方程 3.4：

$$\boldsymbol{\eta} = \ddot{\mathbf{B}}^{-1}\boldsymbol{\Gamma}\boldsymbol{\xi} + \ddot{\mathbf{B}}^{-1}\boldsymbol{\zeta} \qquad [3.4]$$

方程 3.4 用外生变量和方程误差来解释内生变量，是结构方程模型的简化形式。

既然假定 $\mathbf{E}(\boldsymbol{\eta}) = \mathbf{0}$，那么 $\boldsymbol{\eta}$ 的协方差矩阵就等于 $\mathbf{E}(\boldsymbol{\eta}\boldsymbol{\eta}')$，通过简化方程 3.4，$\eta$ 的协方差可表达为：

$$
\begin{aligned}
\mathrm{COV}(\boldsymbol{\eta}) = \mathbf{E}(\boldsymbol{\eta}\boldsymbol{\eta}') &= \mathbf{E}\big[(\ddot{\mathbf{B}}^{-1}\boldsymbol{\Gamma}\boldsymbol{\xi} + \ddot{\mathbf{B}}^{-1}\boldsymbol{\zeta})(\ddot{\mathbf{B}}^{-1}\boldsymbol{\Gamma}\boldsymbol{\xi} + \ddot{\mathbf{B}}^{-1}\boldsymbol{\zeta})'\big] \\
&= \mathbf{E}\big[(\ddot{\mathbf{B}}^{-1}\boldsymbol{\Gamma}\boldsymbol{\xi}\boldsymbol{\xi}'\boldsymbol{\Gamma}'\ddot{\mathbf{B}}'^{-1}) + (\ddot{\mathbf{B}}^{-1}\boldsymbol{\Gamma}\boldsymbol{\xi}\boldsymbol{\zeta}'\ddot{\mathbf{B}}'^{-1}) + \\
&\quad\ (\ddot{\mathbf{B}}^{-1}\boldsymbol{\zeta}\boldsymbol{\xi}'\boldsymbol{\Gamma}'\ddot{\mathbf{B}}'^{-1}) + (\ddot{\mathbf{B}}^{-1}\boldsymbol{\zeta}\boldsymbol{\zeta}'\ddot{\mathbf{B}}'^{-1})\big]
\end{aligned}
$$

去掉上面的数学期望，并通过 $\mathbf{E}(\boldsymbol{\xi}\boldsymbol{\xi}') = \mathbf{0}$ 及关于 $\boldsymbol{\phi}$ 和 $\boldsymbol{\Psi}$ 矩阵的定义，得到如下形式：

$$
\begin{aligned}
\mathrm{COV}(\boldsymbol{\eta}) &= \ddot{\mathbf{B}}^{-1}\boldsymbol{\Gamma}\boldsymbol{\Phi}\boldsymbol{\Gamma}'\ddot{\mathbf{B}}'^{-1} + \ddot{\mathbf{B}}^{-1}\boldsymbol{\Psi}\ddot{\mathbf{B}}'^{-1} \\
&= \ddot{\mathbf{B}}^{-1}(\boldsymbol{\Gamma}\boldsymbol{\Phi}\boldsymbol{\Gamma}' + \boldsymbol{\Psi})\ddot{\mathbf{B}}'^{-1}
\end{aligned}
$$

因此内生变量的协方差可以通过结构参数 $\boldsymbol{\Gamma}$ 和 $\ddot{\mathbf{B}}$、外生变量的协方差，及误差的协方差来表达。

可以通过相似的方式得到 ξ 和 η 的协方差矩阵。因为 $E(\xi)=0$，$E(\eta)=0$，所以 $COV(\eta,\ \xi)=E(\eta\xi')$，用简化形式 $\ddot{B}^{-1}\Gamma\xi+\ddot{B}^{-1}\zeta$ 代替 η，通过 $\Phi=E(\zeta\zeta')=0$ 的假定得到：

$$
\begin{aligned}
COV(\eta,\ \xi)=E(\eta\xi')&=E[(\ddot{B}^{-1}\Gamma\xi+\ddot{B}^{-1}\zeta)\xi']\\
&=E[\ddot{B}^{-1}\Gamma\xi\xi'+\ddot{B}^{-1}\zeta\xi']\\
&=\ddot{B}^{-1}\Gamma\Phi
\end{aligned}
$$

通过上述结果，我们可以定义包含 ξ 和 η 的方差和协方差的矩阵 $\Sigma(r+s\times r+s)$：

$$
\begin{aligned}
\Sigma&=\left[\begin{array}{c|c}
COV(\eta) & COV(\eta,\ \xi)\\
\hline
COV(\xi,\ \eta) & COV(\xi)
\end{array}\right]\\[2mm]
&=\left[\begin{array}{c|c}
\ddot{B}^{-1}(\Gamma\Phi\Gamma'+\Psi)\ddot{B}'^{-1} & \ddot{B}^{-1}\Gamma\Phi\\
\hline
\Phi\Gamma'\ddot{B}'^{-1} & \Phi
\end{array}\right] \quad [3.5]
\end{aligned}
$$

Σ 矩阵是通过结构参数矩阵 B 和 Γ、协方差矩阵 φ 和 Ψ 来定义的。结构方程模型可以限定结构参数以及协方差矩阵 Σ 中某些元素的值。在实际中，我们并不知道总体中 Σ 的值，但是样本的协方差矩阵 S 是已知的。结构方程估计的过程就是通过方程 3.5 找到一个与样本的协方差最接近的矩阵。

第 3 节 | **结构方程模型的类型**

　　结构方程模型的识别和估计主要取决于 **B** 和 **Ψ** 矩阵的形式。接下来,我们首先区分三种形式的 **B** 矩阵和两种形式的 **Ψ** 矩阵。

　　B 矩阵的三种类型:(1)**B** 为对角线矩阵,内生变量只受外生变量的影响,内生变量之间没有关系;(2)**B** 为三角矩阵,表示内生变量之间存在因果关系,但是这种关系是单向的,如果 η_i 影响 η_j,则 η_j 不会影响 η_i[2],即如果 $\beta_{ij} \neq 0$,则 $\beta_{ji} = 0$;(3)**B** 矩阵在对角线外有不受限制的元素,这说明内生变量之间可以相互影响,也就是说,η_i 可以影响 η_j,η_j 也可以影响 η_i,即如果 $\beta_{ij} = 0$,则 β_{ji} 可以等于 0,也可以不等于 0。

　　Ψ 矩阵的两种类型:(1)**Ψ** 为对角线矩阵,这表明所有的误差都是不相关的,即只要 i 不等于 j,则 $\Psi_{ij} = \Psi_{ij} = 0$;(2)**Ψ** 为对称的非对角线矩阵,即至少有两个方程的误差项是相关的。也即,至少有一个 $\Psi_{ij} = \Psi_{ji}$ 且不必然等于 0。

　　根据 **B** 和 **Ψ** 矩阵的组合,共有六类结构方程模型。

　　第一类模型是最简单的情况,即 **B** 和 **Ψ** 都是对角线矩阵。如果只有一个方程,就是多元回归模型(如例 3.1)。如果多余一个方程,则方程之间是相互独立的,即某一方程的估计与其他方程无关,每个方程都可被看做单个的多元回归模型。

第二类模型中内生变量之间不相关，但是方程的误差项相关（$\mathbf{B}$ 是对角线矩阵，$\boldsymbol{\Psi}$ 矩阵中至少有一个对角线外的元素不为 0）。如果两个方程的外生变量完全不相同，就是这种类型，即"看似不相关的回归"（参见 Kmenta，1971）。

第三类模型中 $\mathbf{B}$ 为三角矩阵，表明内生变量可以影响其他内生变量，但是内生变量之间不存在相互因果关系，即如果 η_i 影响 η_j（$\beta_{ij} \neq 0$），则 η_j 不会影响 η_i（$\beta_{ji} = 0$）。当这种形式的 $\mathbf{B}$ 矩阵与对角线 $\boldsymbol{\Psi}$ 矩阵组合在一起时，就组成了递归模型。例如 3.2 中的 $\mathbf{B}$ 为三角矩阵，当设定 $\boldsymbol{\Psi}$ 为对角线矩阵时，这个模型是递归模型。

第四类模型与递归模型不同的是，$\boldsymbol{\Psi}$ 为非对角线矩阵。这种情况通常发生在追踪数据模型中，即不同变量的误差在同一期内相关，或者是同一方程的误差项在不同时期内相关。在例 3.2 中，$\mathbf{B}$ 为三角矩阵，如果设定 $\boldsymbol{\Psi}$ 为非对角线矩阵，这个模型就不再是递归模型。

第五类模型是，尽管在同时因果模型中（$\mathbf{B}$ 矩阵不是三角矩阵或者对角线矩阵）通常假定不同方程的误差项是相关的（即 $\boldsymbol{\Psi}$ 为非对角线矩阵），但这并非必需的。如果能够证明，无论 $\mathbf{B}$ 矩阵是什么形式，方程中的误差项都是不相关的（即 $\boldsymbol{\Psi}$ 为对角线矩阵），就是这种情况。

第六类模型是，当内生变量之间存在同时因果关系并且不同方程的误差项是相关的。这类模型在计量经济学中被称做非递归同时因果模型。例 3.3 就是这类模型。

请记住这些类型的模型，在模型的设定和估计时可能用到这里的讨论。

第 4 节 | **模型的识别**

　　如果结构方程模型不能识别,则意味着模型参数有多个解可以再现观测数据。在这种情况下,研究者无法从中选择,因为所有解都是有效的或者都是无效的。模型的识别可以通过限定 **B**, **Γ**, **Ψ** 等矩阵的参数来实现。所谓模型是可识别的,是指在既定参数设定下,有且只有一组解符合模型的要求。

　　无限定的结构方程模型(比如对 **B**, **Γ**, **Ψ** 矩阵没有任何限制)是不能被识别的(证明请参考 Wonnacott & Wonnacott, 1979:462)。当限定 **B** 和 **Ψ** 矩阵为特定形式时,模型通常是可以识别的。具体来说,不相关的多元回归(第一种类型)、看似不相关的多元回归(第二种类型)以及递归模型(第三种类型)都是可以识别的。除非对 **B**, **Γ** 和 **Ψ** 矩阵有足够的限定,否则后面三种类型的结构方程模型是不可识别的。接下来,我们介绍什么样的限定是可行的,以及如何证明模型是可以识别的。

　　联立方程模型(第六种类型)的识别可以通过设定 **B** 和 **Γ** 矩阵中的部分元素为 0 来实现。如果限制 **B** 矩阵的某一元素为 0,比如 $\beta_{ij}=0$,其意思是内生变量 η_j 不会影响内生变量 η_i。如果限制 **Γ** 矩阵中某一元素为 0,比如 $\gamma_{ij}=0$,其意思是

外生变量 ξ_j 不会影响外生变量 ξ_i。费希尔(Fisher)在 1966 年就已经讨论了此类模型识别的限定条件。

最简单的情况是测量阶条件(order condition)。阶条件是指如果系统中的某个方程是可以识别的,那么该方程中已知参数的数目一定大于或等于方程组的数目减去 1。换言之,在 **B** 和 **Γ** 矩阵中,在给定行中限定为 0 的系数一定大于或等于方程组的数目减去 1。这是一个必要条件,如果违反了该条件,方程一定是不能被识别的;而即使满足了这一条件,方程依旧有可能无法识别。下面我们通过例子来阐明这一条件。

例 3.3:阶条件

邓肯(Ducan)、哈勒(Haller)和波特斯(Portes)设立了一个典型的联立方程组模型。结构系数的矩阵为:

$$\mathbf{B} = \begin{bmatrix} \underline{0} & \beta_{12} \\ \beta_{21} & \underline{0} \end{bmatrix}$$

和

$$\mathbf{\Gamma} = \begin{bmatrix} \gamma_{11} & \gamma_{12} & \gamma_{13} & \gamma_{14} & \underline{0} & \underline{0} \\ \underline{0} & \underline{0} & \gamma_{23} & \gamma_{24} & \gamma_{25} & \gamma_{26} \end{bmatrix}$$

Γ 矩阵的第一行设定 $\gamma_{15} = \gamma_{16} = 0$,这说明模型假定外生变量 ξ_5 和 ξ_6 对内生变量 η_1 没有影响。因此 η_1 的方程中已知参数的数目大于方程组的数目减去 1(2 > 1)。所以该模型满足了阶条件。同样,η_2 的方程也满足了该条件。//

秩条件(rank condition)是结构方程模型可识别的充分

必要条件。定义 $\ddot{\mathbf{B}}^{\#}$ 为排除 $\ddot{\mathbf{B}}$ 中该方程所包含的行,然后删除在该行中所有不为 0 的列所形成的矩阵。再以相同的方法获得矩阵 $\mathbf{\Gamma}^{\#}$。秩条件就是当且仅当矩阵 $[\ddot{\mathbf{B}}^{\#}|\mathbf{\Gamma}^{\#}]$ 的秩等于方程组的数目减 1 时[3],该方程组才是可识别的。虽然在实际中我们经常忽略这个条件,但这种忽略是很不明智的。尽管由于 $\ddot{\mathbf{B}}$ 和 $\mathbf{\Gamma}$ 是未知的(它们是在模型可识别的情况下估计出来的),但有时我们是可以知道当 $[\ddot{\mathbf{B}}^{\#}|\mathbf{\Gamma}^{\#}]$ 的秩小于方程组的数目减 1 时,给定的方程是不可识别的。

例 3.3:秩条件

为了检验内生变量 η_1 的方程是否满足秩条件,首先通过删除 $\ddot{\mathbf{B}}$ 和 $\mathbf{\Gamma}$ 矩阵中的相关元素,构建矩阵 $\ddot{\mathbf{B}}^{\#}$ 和 $\mathbf{\Gamma}^{\#}$:

$$\ddot{\mathbf{B}}^{\#} = \begin{bmatrix} 1 & -\beta_{18} \\ -\beta_{21} & 1 \end{bmatrix}$$

和

$$\mathbf{\Gamma}^{\#} = \begin{bmatrix} \gamma_{11} & \gamma_{12} & \gamma_{13} & \gamma_{14} & 0 & 0 \\ 0 & 0 & \gamma_{23} & \gamma_{24} & \gamma_{25} & \gamma_{26} \end{bmatrix}$$

相应地,$[\ddot{\mathbf{B}}^{\#}|\mathbf{\Gamma}^{\#}]$ 等于 $[\gamma_{25}, \gamma_{26}]$。当总体中的 γ_{25} 和 γ_{26} 同时等于 0 时,$[\ddot{\mathbf{B}}^{\#}|\mathbf{\Gamma}^{\#}]$ 的秩等于 1。尽管不是很确定,我们还是可以推导出 η_1 的方程是可识别的。同样,秩条件也可以应用到 η_2 的方程中。//

例 3.2:秩条件和阶条件

惠顿(Wheaton,1978)的模型(图 3.1 和方程 3.3)是个典

型的考虑到同一时期内不同方程的误差项存在相关的追踪数据模型。如前文所述，$\mathbf{B}$ 为三角矩阵，如果假定 $\mathbf{\Psi}$ 为对角线矩阵，则该模型为递归模型，是可识别的；如果假定 $\mathbf{\Psi}$ 为对称的非对角线矩阵，尽管 $\mathbf{B}$ 为三角矩阵，该模型也不是递归模型，而且此模型也未必是可以识别的。我们可以应用阶条件来检查该模型是否可以识别。

因变量	已知参数	已知参数是否 ≥ 方程数目减 1	方程数目减 1
η_1	4	是	4
η_2	3	否	4
η_3	2	否	4
η_4	1	否	4
η_5	1	否	4

由上可见，从 η_2 到 η_5 的方程都是不可识别的。可以应用秩条件来检验 η_1 的方程是否可以识别。首先构建 $[\ddot{\mathbf{B}}^{\#} \mid \mathbf{\Gamma}^{\#}]$ 矩阵：

$$[\ddot{\mathbf{B}}^{\#} \mid \mathbf{\Gamma}^{\#}] = \begin{bmatrix} 1 & 0 & 0 & 0 & 0 & \gamma_{11} \\ \beta_{21} & 1 & 0 & 0 & 0 & \gamma_{21} \\ \beta_{31} & \beta_{32} & 1 & 0 & 0 & \gamma_{31} \\ \beta_{41} & \beta_{42} & \beta_{43} & 1 & 0 & \gamma_{41} \\ \beta_{51} & \beta_{52} & \beta_{53} & 0 & 1 & \gamma_{51} \end{bmatrix} = \begin{bmatrix} 1 & 0 & 0 & 0 \\ \beta_{32} & 1 & 0 & 0 \\ \beta_{42} & \beta_{43} & 1 & 0 \\ \beta_{52} & \beta_{53} & 0 & 1 \end{bmatrix}$$

$[\ddot{\mathbf{B}}^{\#} \mid \mathbf{\Gamma}^{\#}]$ 的秩为 4，因此，当不限定矩阵 $\mathbf{\Psi}$ 时，η_1 的方程是可以识别的。然而如果限定 $\mathbf{\Psi}$ 矩阵，剩余的方程或许是可以识别的，但是我们不能通过阶条件和秩条件来检验。

除了限定参数为 0 外，等同性限定（如 $\gamma_{23} = \gamma_{25}$）、非线性限定及方程误差项协方差限定（如 $\mathbf{\Psi}_{12} = \mathbf{\Psi}_{21} = 0$）等，也能够

使模型变得可以识别。当运用上述限定时,有必要通过观测变量的方差和协方差来证明模型参数是可解的。下面我们通过例子来展示如何去证明模型是可以识别的。

例 3.2:模型识别

在惠顿(Wheaton,1978)的模型中(图 3.1),如果不限定 Ψ 矩阵是很有问题的。在原模型中,惠顿假定同一时期内的方程的误差项是相关的。Ψ 矩阵为:

$$\Psi = \begin{bmatrix} \psi_{11} & \underline{0} & \underline{0} & \underline{0} & \underline{0} \\ \underline{0} & \psi_{22} & \psi_{23} & \underline{0} & \underline{0} \\ \underline{0} & \psi_{32} & \psi_{33} & \underline{0} & \underline{0} \\ \underline{0} & \underline{0} & \underline{0} & \psi_{44} & \psi_{45} \\ \underline{0} & \underline{0} & \underline{0} & \psi_{54} & \psi_{55} \end{bmatrix}$$

通过限定 Ψ 矩阵中的元素,该模型中的其他方程或许也是可以识别的。为了检验模型是否可以识别,B,Γ 和 Ψ 矩阵中的参数必须可以通过外生变量和内生变量的协方差得出。

结构方程组可以写做如下形式:

$$\eta_1 = \qquad\qquad\qquad \gamma_{11}\xi_1 + \zeta_1 \qquad [3.6]$$

$$\eta_2 = \beta_{21}\eta_1 + \qquad\qquad \gamma_{21}\xi_1 + \zeta_2 \qquad [3.7]$$

$$\eta_3 = \beta_{31}\eta_1 + \beta_{32}\eta_2 + \qquad \gamma_{31}\xi_1 + \zeta_3 \qquad [3.8]$$

$$\eta_4 = \beta_{41}\eta_1 + \beta_{42}\eta_2 + \beta_{43}\eta_3 + \gamma_{41}\xi_1 + \zeta_4 \qquad [3.9]$$

$$\eta_5 = \beta_{51}\eta_1 + \beta_{52}\eta_2 + \beta_{53}\eta_3 + \gamma_{51}\xi_1 + \zeta_5 \qquad [3.10]$$

通过阶条件和秩条件,我们可以知道方程 3.6(即 γ_{11})是可以

识别的。方程 3.6 乘以其自身然后取期望得到:

$$\mathbf{E}(\boldsymbol{\eta}_1\boldsymbol{\xi}_1) = \text{VAR}(\boldsymbol{\eta}_1) = \boldsymbol{\gamma}_{11}{}^2\text{VAR}(\boldsymbol{\xi}_1) + 2\boldsymbol{\gamma}_{11}\text{COV}(\boldsymbol{\zeta}_1, \boldsymbol{\zeta}_1) + \boldsymbol{\psi}_{11}$$
$$= \boldsymbol{\gamma}_{11}{}^2\text{VAR}(\boldsymbol{\xi}_1) + \boldsymbol{\psi}_{11}$$

既然 γ_{11} 是可以识别的,$\text{VAR}(\xi_1)$ 是已知的,$\text{COV}(\xi_1, \zeta_1)$ 假定为 0,因此 ψ_{11} 是可识别的。

通过相同的方式,首先方程 3.7 两边同时乘以 ξ_1,然后取期望:

$$\mathbf{E}(\boldsymbol{\eta}_2\boldsymbol{\xi}_1) = \text{COV}(\boldsymbol{\eta}_2, \boldsymbol{\xi}_1) = \boldsymbol{\beta}_{21}\text{COV}(\boldsymbol{\eta}_1, \boldsymbol{\xi}_1)$$
$$+ \boldsymbol{\gamma}_{21}\text{COV}(\boldsymbol{\xi}_1, \boldsymbol{\xi}_1) + \text{COV}(\boldsymbol{\zeta}_2, \boldsymbol{\xi}_1)$$
$$= \boldsymbol{\beta}_{21}\text{COV}(\boldsymbol{\eta}_1, \boldsymbol{\xi}_1) + \boldsymbol{\gamma}_{21}\text{COV}(\boldsymbol{\xi}_1, \boldsymbol{\xi}_1)$$

既然假定 $\text{COV}(\zeta_2\xi_1) = \mathbf{0}$,接下来方程 3.7 乘以 η_1 然后取期望:

$$\mathbf{E}(\boldsymbol{\eta}_2\boldsymbol{\eta}_1) = \text{COV}(\boldsymbol{\eta}_2, \boldsymbol{\eta}_1)$$
$$= \boldsymbol{\beta}_{21}\text{COV}(\boldsymbol{\eta}_1, \boldsymbol{\eta}_1) + \boldsymbol{\gamma}_{21}\text{COV}(\boldsymbol{\xi}_1, \boldsymbol{\eta}_1) + \text{COV}(\boldsymbol{\zeta}_2, \boldsymbol{\eta}_1)$$

$\text{COV}(\zeta_2\xi_1) = 0$,可以看作乘以方程 3.6 再乘以 ζ_2,然后取期望:$\mathbf{E}(\eta_1\zeta_2) = \gamma_{11}\mathbf{E}(\xi_1\zeta_2) + \mathbf{E}(\zeta_1\zeta_2)$,既然假定 $\mathbf{E}(\xi_1\zeta_2)$ 和 $\mathbf{E}(\zeta_1\zeta_2) = \psi_{12} = 0$,因此 $\mathbf{E}(\eta_1\zeta_2) = 0$。现在两个方程中有两个未知变量:

$$\text{COV}(\eta_2, \xi_1) = \beta_{21}\text{COV}(\eta_1, \xi_1) + \gamma_{21}\text{COV}(\xi_1, \xi_1)$$
$$\text{COV}(\eta_2, \eta_1) = \beta_{21}\text{COV}(\eta_1, \eta_1) + \gamma_{21}\text{COV}(\xi_1, \eta_1)$$

通过上面的方程组可以解出 β_{21} 和 γ_{21},因此该方程组是可识别的。

ψ_{22} 的证明可以通过方程 3.7 乘以其自身然后取期望得到:

$$COV(\eta_2, \eta_2) = \beta_{21}{}^2 COV(\eta_1, \eta_1) + \gamma_{21}{}^2 COV(\xi_1, \xi_1) + \psi_{22}$$
$$+ 2\beta_{21}\gamma_{21} COV(\eta_1, \xi_1) + 2\beta_{21} COV(\eta_1, \zeta_2)$$
$$+ 2\gamma_{21} COV(\xi_1, \zeta_2)$$

既然假定与 ζ_2 有关的协方差都为 0,而且方程中除了 ψ_{22} 都是可知或可识别的,因此 ψ_{22} 也是可以识别的。

通过既有的限定,还剩下方程 3.8 是不可识别的。将方程 3.8 分别乘以 ξ_1,η_1 和 η_2,然后取期望:

$$COV(\eta_3, \xi_1) = \beta_{31} COV(\eta_1, \xi_1) + \beta_{32} COV(\eta_2, \xi_1)$$
$$+ \gamma_{31} COV(\xi_1, \xi_1) + COV(\zeta_3, \xi_1)$$
$$COV(\eta_3, \eta_1) = \beta_{31} COV(\eta_1, \eta_1) + \beta_{32} COV(\eta_2, \eta_1)$$
$$+ \gamma_{31} COV(\xi_1, \eta_1) + COV(\zeta_3, \eta_1)$$
$$COV(\eta_3, \eta_2) = \beta_{31} COV(\eta_1, \eta_2) + \beta_{32} COV(\eta_2, \eta_2)$$
$$+ \gamma_{31} COV(\xi_1, \eta_2) + COV(\zeta_3, \eta_2) \quad [3.11]$$

尽管 $COV(\zeta_3, \eta_1)$ 和 $COV(\zeta_3, \xi_1)$ 等于 0,可是 $COV(\zeta_3, \eta_2) = \psi_{23}$ 并不等于 0。因此,在三个方程组中有四个未知元素(β_{31}、β_{32}、γ_{31}、Ψ_{23}),该方程组是不可识别的。

由于每增加一个方程就会增加一个新的未知参数,因此试图寻找第四个方程组来解决问题是行不通的。例如:

$$COV(\eta_3, \eta_3) = \beta_{31}{}^2 COV(\eta_1, \eta_1) + \beta_{32}{}^2 COV(\eta_2, \eta_2)$$
$$+ \gamma_{31}{}^2 COV(\xi_1, \xi_1) + \psi_{33}{}^2 + 2\beta_{31}\gamma_{31} COV(\eta_1, \xi_1) + 2\beta_{32}\gamma_{31} COV(\eta_2, \xi_1) + 2\beta_{32}\beta_{31} COV(\eta_1, \eta_2) + 2\gamma_{31} COV(\xi_1, \zeta_3) + 2\beta_{31} COV(\eta_1, \zeta_3) + 2\beta_{32} COV(\eta_2, \zeta_3)$$

当增加一个新的方程时,就会增加一个新的未知参数如 ψ_{33}。问题由三个方程解四个未知参数变成了四个方程解五个未知参数。因此,在现有的限定下,尽管方程 3.6 和方程 3.7 是可识别的,该模型仍是不可识别的。

惠顿(Wheaton,1978)在其模型分析时(尽管他的模型包含了测量模型)也遇到了相同的问题。为了使模型可以识别,惠顿限定 β_{32},β_{41} 和 β_{51} 等于 0,也就是说内生变量中的三条因果路径被假定是不存在的,通过这些限定,可以很容易地证明该模型是可识别的。

现在,方程组 3.11 包含三个方程,可以用来解决三个未知参数。以同样的方式可以证明模型中的其他参数也是可识别的。//

关于如何通过限定 $\boldsymbol{\Psi}$ 矩阵来证明模型是可识别的例子,可以参阅哈努谢克和杰克逊的论述(Hanushek & Jackson,1977)。

第 5 节 │ 模型的估计

　　一旦确定结构方程模型是可识别的,我们就可以开始估计程序了。如果模型是不可识别的,那么估计出来的参数也是没有意义的。

　　和模型的识别一样,模型的估计也依赖于 **B** 和 **Ψ** 矩阵的形式。对于不相关的多元回归模型(第一种类型),一般最小二乘法是最适合的估计方法。如果 **B** 为对角线矩阵,但 **Ψ** 不是对角线矩阵(第二种类型),那么其估计方法取决于外生变量。如果在所有的方程组中外生变量都是相同的,一般最小二乘法就可以提供无偏、有效的估计;如果不相同,最小二乘法就可以提供无偏、一致但不是有效的估计,在这种情况下,一般最小二乘法可以提供有效的估计。[4] 对于递归模型(第三种类型),一般最小二乘法可以提供一致和有效的估计,如果模型不包括滞后的内生变量,那么一般最小二乘法的估计还是无偏的。对于没有限定 **Ψ** 矩阵的联立方程组而言,可以采用以下几种估计方法:二阶段最小二乘法、工具变量、完全信息最大似然估计法及三阶段的最小二乘法等。

　　计量经济学文献广泛而深入地讨论了每种模型及其估计方法,比较简单的介绍参考哈努谢克和杰克逊的著作

(Hanushek & Jackson，1977)；更深入的介绍参见克曼塔和马林沃德的论著(Kmenta，1971；Malinvaud，1970)。这些模型可以通过比较常见的统计软件进行估计。对于这些方法的介绍不是本书的内容，本书关注那些不能通过常用的统计软件进行估计，以及计量经济学文献讨论较少的方法。例如，限定 $\boldsymbol{\Psi}$ 矩阵中某些非对角线的元素为 0 或者是相等的模型，通常不能通过处理回归模型的软件进行估计，在这种情况下，针对协方差结构模型的统计软件提供了便捷的估计方法。

在讨论具体的估计方法之前，有必要区分完全信息和有限信息的估计方法(有时候也被称为单一方程方法和系统方程方法，参阅 Hanushek & Jackson，1977)。有限信息估计技术在不考虑其他方程的限定下分别估计每个方程。完全信息估计技术会考虑到整个系统，并且同时估计系统中的每个方程，因此在参数估计时，能够充分利用整个系统提供的信息，这在统计上更为有效。另一方面，完全信息估计技术也有其局限。既然每个参数的估计都依赖于模型中的其他参数，那么它们就更容易受到模型设定的影响。而有限信息估计技术尽管不是那么有效，但是由于其分别估计每个方程，因此较少受到模型设定的影响。因此，当模型的设定不是很明确时，研究者比较偏向有限信息估计技术。

协方差结构估计软件的程序如下。[5]研究者从样本的协方差矩阵 S 开始，对角线上的元素为观测变量的方差，对角线外的元素为观测变量的协方差。如果数据经过标准化处理，S 矩阵就是相关系数矩阵。将 S 看做如下的分割矩阵很有帮助：

$$S = \left[\begin{array}{c|c} \text{内生变量之间} \\ \text{协方差} & \text{内生变量与外生} \\ \text{变量的协方差} \\ \hline \text{外生表明与内生} \\ \text{变量的协方差} & \text{外生变量之间的} \\ \text{协方差} \end{array} \right]$$

然后通过 $\ddot{\mathbf{B}}, \boldsymbol{\Gamma}, \boldsymbol{\Psi}, \boldsymbol{\Phi}$ 矩阵的估计值(方程 3.5)来估计总体中的协方差矩阵 $\boldsymbol{\Sigma}$:

$$\hat{\boldsymbol{\Sigma}} = \left[\begin{array}{c|c} \widehat{\text{COV}(\boldsymbol{\eta})} & \widehat{\text{COV}(\boldsymbol{\eta}, \boldsymbol{\xi})} \\ \hline \widehat{\text{COV}(\boldsymbol{\xi}, \boldsymbol{\eta})} & \widehat{\text{COV}(\boldsymbol{\xi})} \end{array} \right]$$

$$= \left[\begin{array}{c|c} \hat{\ddot{\mathbf{B}}}^{-1}(\hat{\boldsymbol{\Gamma}}\hat{\boldsymbol{\Phi}}\hat{\boldsymbol{\Gamma}}' + \hat{\boldsymbol{\Psi}})\hat{\ddot{\mathbf{B}}}'^{-1} & \hat{\ddot{\mathbf{B}}}^{-1}\hat{\boldsymbol{\Gamma}}\hat{\boldsymbol{\Phi}} \\ \hline \hat{\boldsymbol{\Phi}}\hat{\boldsymbol{\Gamma}}'\hat{\ddot{\mathbf{B}}}'^{-1} & \hat{\boldsymbol{\Phi}} \end{array} \right]$$

带有帽子符号的参数表明该矩阵包含对总体参数的估计,这些参数的估计必须满足相关的模限定。估计的过程就是通过找 $\hat{\ddot{\mathbf{B}}}, \hat{\boldsymbol{\Gamma}}, \hat{\boldsymbol{\Psi}}, \hat{\boldsymbol{\Phi}}$ 的值来产生一个与样本协方差矩阵 S 最为接近的总体协方差的估计矩阵 $\hat{\boldsymbol{\Sigma}}$。其估计过程考虑到了所有包含了 $\ddot{\mathbf{B}}, \boldsymbol{\Gamma}, \boldsymbol{\Psi}, \boldsymbol{\Phi}$ 的可能的矩阵。许多矩阵被排除了是因为它们没有包含对参数的限定条件。定义 $\ddot{\mathbf{B}}^*, \boldsymbol{\Gamma}^*, \boldsymbol{\Psi}^*, \boldsymbol{\Phi}^*$ 表示所有考虑到模型限定条件的矩阵,其矩阵集合如下:

$$\boldsymbol{\Sigma}^* = \left[\begin{array}{c|c} \text{COV}(\boldsymbol{\eta})^* & \text{COV}(\boldsymbol{\eta}, \boldsymbol{\xi})^* \\ \hline \text{COV}(\boldsymbol{\xi}, \boldsymbol{\eta})^* & \text{COV}(\boldsymbol{\xi})^* \end{array} \right]$$

$$= \left[\begin{array}{c|c} \ddot{\mathbf{B}}^{*-1}(\boldsymbol{\Gamma}^*\boldsymbol{\Phi}^*\boldsymbol{\Gamma}^{*'} + \boldsymbol{\Psi}^*)\ddot{\mathbf{B}}^{*-1} & \ddot{\mathbf{B}}^{*-1}\boldsymbol{\Gamma}^*\boldsymbol{\Phi}^* \\ \hline \boldsymbol{\Phi}^*\boldsymbol{\Gamma}^{*'}\ddot{\mathbf{B}}^{*'-1} & \boldsymbol{\Phi}^* \end{array} \right]$$

如果 $\boldsymbol{\Sigma}^*$ 与 S 非常接近,那么可以认为 $\ddot{\mathbf{B}}^*, \boldsymbol{\Gamma}^*, \boldsymbol{\Psi}^*, \boldsymbol{\Phi}^*$ 是对总体参数比较合理的估计。估计的难点在于如何测量两个矩阵 $\boldsymbol{\Sigma}^*$ 与 S 的"接近"程度,以及如何找到 $\ddot{\mathbf{B}}^*, \boldsymbol{\Gamma}^*,$

Ψ^*，Φ^* 的值来产生一个与 S 最为接近的 Σ^*。

测量给定的 Σ^* 与样本矩阵 S 接近程度的函数被称做拟合函数，$F(S; \Sigma^*)$。拟合函数表明 Σ^* 是通过 B^*，Γ^*，Φ^*，Ψ^* 来界定的，也可以写为 $F(S; B^*，\Gamma^*，\Phi^*，\Psi^*)$。这个拟合函数包含了所有满足 B，Γ，Φ，Ψ 约束条件的 B^*，Γ^*，Φ^*，Ψ^*。对于给定的样本协方差矩阵 S，那些使得拟合函数最小的 B^*，Γ^*，Φ^*，Ψ^* 的值就是样本对总体参数的估计，记做 $\hat{B}$，$\hat{\Gamma}$，$\hat{\Psi}$，$\hat{\Phi}$。

协方差结构模型的估计软件中通常运用三种类型的拟合函数，它们分别对应于未加权的最小二乘法（ULS）、一般最小二乘法（GLS）和最大似然估计（ML）。

通过未加权的最小二乘法估计方法来估计 B，Γ，Φ，Ψ 的拟合函数为：

$$F_{ULS}(S; \Sigma^*) = tr([(S - \Sigma^*)^2])$$

tr 是一个表明矩阵中对角线元素之和的算法。ULS 估计方法可以在未对观测变量的分布做任何假定的情况下得到一致的估计（Bentler & Weeks，1979）。这意味着对于大样本而言，ULS 估计是接近无偏估计的。不对观测变量的分布作出假定是 ULS 估计方法的优势，但是这种方法也有两个局限。第一，没有与 ULS 相关的统计检验；第二，ULS 估计的值依赖于变量的测量尺度（参考《验证性因子分析》）。

一般最小二乘法估计方法的拟合函数比较复杂，因为它对根据 S^{-1} 对 S 与 Σ^* 之间的差异做了加权处理（详参 Jöreskog & Goldberger，1972）。GLS 的拟合函数为：

$$F_{GLS}(S; \Sigma^*) = tr([(S - \Sigma^*)S^{-1}]^2)$$

最大似然估计法的拟合函数为：

$$F_{ML}(\mathbf{S}; \mathbf{\Sigma}^*) = tr(\mathbf{\Sigma}^{*-1}\mathbf{S}) + [\log|\mathbf{\Sigma}^*| - \log|\mathbf{S}|] - (r+s)$$

$\log|\mathbf{\Sigma}^*|$ 是 $\mathbf{\Sigma}^*$ 的决定因子的对数。如果 ξ 和 η 为多元正态分布，GLS 和 ML 都具有渐进性的特征。ML 的估计值是最接近无偏的，其抽样分布的方差也是最小的，且接近正态分布。这意味着如果 ξ 和 η 为多元正态分布，当样本规模接近无限大的情况下，ML 的估计值具有以下特征：(1)样本估计值的期望越接近总体参数；(2)抽样分布的方差会越小；(3)估计值的抽样分布接近正态分布。在协方差结构模型中，GLS 估计方法渐进地等同于 ML 估计方法（Lee，1977；Browne，1974）。两种估计方法都与变量的测量尺度无关，且具有统计检验的特性。

需要注意的是这些渐进性的特征。严格来说，只有当样本规模无限大时，它们的特征才能得以保证。实践中常遇到的一个问题是：样本规模多大才能利用这些渐进性的特征？尽管布斯马（Boomsma，1982）在验证性因子分析中已经取得了一些结果（详参《验证性因子分析》），但对于这个问题，并没有确切的答案。GLS 和 ML 估计法都需要正态分布的假定，尽管 GLS 对这一假定的要求不如 ML 那么严格（Browne，1974）。不幸的是，我们还不是很了解违反这一假定的后果。

第 6 节 | 实践中的考虑

没有任何一种估计方法一定优于其他方法。尽管我们不需要关注它们是如何在所有可能的 **B, Γ, Φ, Ψ** 值中寻找使得拟合函数最小的值，但是我们需要注意它们在实际应用中的问题。

第一，寻找局部最小的方法是可行的，这个值使得拟合函数比其他最小值更小，尽管这种情况比较少见（Jöreskog & Sörbom, 1981）。

第二，使得拟合函数最小的参数值可能存在于可能值的范围之外。例如，估计的方差可能是负值或者相关系数大于 1，这种情况通常是由于样本规模太小或者不合理的模型设定造成的。

第三，搜索过程可能极为耗时，模型估计的时间取决于以下因素：（1）观测变量协方差矩阵中独立元素的数量；（2）所需估计参数的数目；（3）初始值与实际值的接近程度。协方差结构估计软件需要对每个要估计的参数设定一个初始值。初始值是由研究者提供的猜测值，它们被用来估计第一个 Σ^*，之后软件会重新定义初始值。因此，初始值与实际值越接近，估计就会越容易。尽管最新的 LISREL 软件整合了产生初始值的算法，但是选择初始值仍然是很困难的。

由于 ULS 或者 GLS 的估计值与常用的结构方程模型估计方法并不是很一致,因此本章不再做过多的讨论。当满足正态分布假定时,ML 的估计与结构方程模型的完全信息最大似然估计(FIML)是一致的(参见 Theil,1971)。当违反正态分布假定时,完全信息最大似然估计仍然是有效的(参见 Jöreskog & Sörbom,1981)。然而,当违反正态分布假定时,需要特别留意统计检验。

最新版本的 LISREL 可以估计初始值。对结构方程模型而言,初始值估计类似于二阶段最小二乘法(参见 Jöreskog & Sörbom,1981),它在有限信息的情况下,提供了结构方程模型参数的一致性估计。

第 7 节 | 评估模型拟合度

本节简要回顾协方差结构模型软件提供的评估模型拟合度的相关技术。更详细的讨论可以参考《验证性因子分析》。如果结构方程模型是通过传统的软件进行估计的（如没有限定等参数相等或者当 Ψ 为非对角线矩阵时没有施加限定），可以运用其他评估模型拟合的方法。关于此类技术的讨论可以参见计量经济学的文献。

检验参数值

第一步是考虑单个的单数估计值。不合理的估计值意味着模型存在问题。通常需要注意以下几点:(1)错误的模型设定可以导致有偏的参数估计;(2)由于模型不可识别,而产生多个估计值;(3)由于样本量太小而导致的估计不精确或者渐进性特性无法适用;(4)输入了不当的相关系数或协方差矩阵,或者程序设置错误等。

估计值的方差

GLS 和 ML 提供了估计的协方差矩阵。通过这个估计的方差,可以对单个参数进行 z 检验,以确定参数是否等于某个值。这种检验与多元回归模型中的检验方法是一致的。需要注意的是,这种检验方法是建立在正态分布的假定上的,如果违反了该假定,就需要特别谨慎对待。

拟合度的卡方检验

ML 和 GLS 估计法的卡方检验的原假设(H_0)是观测变量的协方差矩阵,是由所设定的模型产生的,其备择假设(H_1)是观测变量的协方差矩阵,是一个不受限定的矩阵。拒绝原假设意味着模型并没有很好地再现样本的协方差矩阵 S。卡方检验的自由度为:自由度(df) = 原假设(H_0)下自由参数的个数－备择假设(H_1)自由参数的个数。或者更具体来说,自由度等于 Σ 中自由参数的数量减去 B, Γ, Φ, Ψ 中自由参数的数量。如果一个模型刚好可以识别,则 Σ 中自由参数的数量等于 B, Γ, Φ, Ψ 中自由参数的数量。在这种情况下,卡方等于 0,自由度也等于 0,因此卡方检验不能用来评估刚好识别的模型的拟合度。[6]

卡方差异检验

正如 F 检验经常用于多元回归中同时检验几个假设(Wonnacott & Wonnacott,1979:184—186),卡方差异的检验也可以用于结构方程模型。假设模型 M_1 的卡方值为 X_1^2,自由度为 df_1,模型 M_2 的卡方值为 X_2^2,自由度为 df_2,且模型 M_1 嵌套于模型 M_2 中,卡方差异 $X^2 = X_1^2 - X_2^2$, $df = df_1 - df_2$,

这可以用来检验包含在模型 M_2 中但没包含在模型 M_1 中的参数限定的假设。

确定系数

在经典的回归模型中,确定系数是指模型可以解释的因变量差异的百分比。在方程中预测 η_i 的确定系数可以定义为:

$$R^2 = 1 - \frac{\text{VAR}(\zeta_i)}{\text{VAR}(\eta_i)}$$

ζ_i 是 η_i 方程中的误差,在结构方程模型中运用确定系数时需要注意,模型所解释的 η_i 的差异有可能包含在其他方程中。

如在例 3.2 中,较大的 R^2 并不一定表明模型的拟合度就好。这与多元回归模型中一样,R^2 的增加可以通过增加解释变量来实现。相似地,在结构方程模型中,模型拟合的改善也可以通过放松参数假定来实现。

修正指标

如果模型的拟合不好,可以通过增加额外的参数限定来改善模型。一种确定所有增加的参数的方法是基于每个参数与拟合函数的差值来确定的(Sörbom,1975)。这种差异表明如果增加了这个参数,卡方将会如何减少。这种方法的局限在于,如果增加了差异较大的参数,它的估计值可能很接近要估计的参数。如果是这种情况,整体模型拟合的改善可能很小。约瑞斯科和索尔波姆(Jöreskog & Sörbom,1981)

提供了解决这种问题的模型修正指标。给定参数的修正指标等于增加该参数所减少的卡方值。他们建议每次只增加一个参数,因为增加一个参数可能减少或消除增加另一个参数所带来的拟合度的改善。每步所要增加的参数需要具有最大的修正指标,而且应该具有较大的实际意义(更多讨论参见《验证性因子分析》)。

第 8 节 | 结构系数的解释

B 和 Γ 中的结构系数可以解释为对内生变量的直接影响。β_{ij} 表明，在控制其他变量的情况下，内生变量 η_j 一个单位的变化会导致 $\eta_i\beta_{ij}$ 个单位的变化。类似地，γ_{ij} 表明在控制其他变量的情况下，外生变量 ξ_j 一个单位的变化会带来内生变量 $\eta_i\gamma_{ij}$ 个单位的变化。如果变量已经标准化，解释也应作出相应的调整，在其控制其他变量的情况下，内生变量 η_j 一个标准差单位的变化会导致 $\eta_i\beta_{ij}$ 个标准差单位的变化；在控制其他变量的情况下，外生变量 ξ_j 一个标准差单位的变化会带来内生变量 $\eta_i\gamma_{ij}$ 个标准差单位的变化。

这些解释都假定其他变量不变。然而，在实际中，一个外生变量的变化可能导致其他变量的变化。如例 3.3，在其他变量不变的情况下，γ_{13} 表明研究对象一个单位的 SES(ξ_3) 的变化会直接影响其期望(η_1) γ_{13} 个单位的变化。但是在这个例子中，模型假定 ξ_3 的变化会导致 η_2 的变化（直接通过 γ_{23}），η_2 的变化会引起 η_1 的变化（直接通过 β_{12}）。因此，ξ_3 的变化既会对 η_1 产生直接影响，也会产生间接影响。因此 ξ_3 对 η_1 的总效应必须包含直接效应和间接效应。这个例子表明，在解释结构系数时，有必要区分总效应、直接效应和间接效应。[7]

在模型 $\boldsymbol{\eta} = \mathbf{B}\boldsymbol{\eta} + \boldsymbol{\Gamma}\boldsymbol{\xi} + \boldsymbol{\zeta}$ 中,内生变量之间的直接效应包含在矩阵 $\mathbf{B}$ 中,外生变量对内生变量的直接效应包含在 $\boldsymbol{\Gamma}$ 矩阵中。外生变量对内生变量的总效应可以通过方程 $\boldsymbol{\eta} = (\mathbf{I} - \mathbf{B})^{-1}\boldsymbol{\Gamma}\boldsymbol{\xi} + (\mathbf{I} - \mathbf{B})^{-1}\boldsymbol{\zeta}$ 获得。如果定义 $\boldsymbol{\Pi} = (\mathbf{I} - \mathbf{B})^{-1}\boldsymbol{\Gamma}$,则 π_{ij} 就表示外生变量 ξ 对内生变量 η 的总效应。而内生变量之间的总效应要更为复杂一些,因为必须要考虑到内生变量之间的相互影响。在例 3.3 中,η_1 通过 β_{21} 影响 η_2,反过来 η_2 又通过 β_{12} 影响 η_2。所以内生变量之间的总效应通过 $(\mathbf{I} - \mathbf{B})^{-1} - \mathbf{I}$ 来获得,而间接效应可以通过总效应减去直接效应获得。关于这方面的详细讨论,可以参考格拉夫和施密特(Graff & Schmidt, 1982)、福克斯(Fox, 1980),以及约瑞斯科和索尔波姆(Jöreskog & Sörbom, 1981)的论述。

下面我们通过例 3.2 和例 3.3 来展示如何估计和检验结构方程中的假设,我们鼓励读者运用附录中的数据来再现这些例子。

例 3.3:参数估计和假设检验

例 3.3 中的模型 M_a 是传统的联立方程系统,可以通过任何一种方法进行估计。表 3.2 列出了二阶段最小二乘法(2SLS)、有限信息最大似然法(LIML)、完全信息三阶段最小二乘法(3SLS)、完全信息最大似然估计(FIML)等方法的参数估计。前三种估计方法是通过 SAS 中的 SYSREG 程序来实现的,FIML 的估计是通过 LISREL 5.0 实现的。从表 3.2 中可以看出,不同的估计方法所得出的系数是很相似的。

接下来我们来介绍表 3.2 中通过 FIML 法所估计的参

数。研究对象的 SES(ξ_3) 对其教育期望(η_1) 的直接效应最强。在其他变量不变的情况下，ξ_3 一个标准差的变化会引起 η_1 0.277 个标准差的变化，而且具有统计显著性。如前文所述，直接效应并不能代表 ξ_3 对 η_1 的总效应，因为 ξ_3 会影响 η_2，而 η_2 又会影响 η_1，因此 ξ_3 对 η_1 的总效应要大一些，为 0.296。ξ_1 和 ξ_2 对 η_1 也有显著的影响，但是要比 ξ_2 的影响弱一点。ξ_4 和 η_1 对 η_1 的直接效应都不显著。表 3.3 的底部报告了模型 M_a 的拟合度，自由度为 2，卡方值为 1.88(P= 0.39)。

虽然模型 M_a 的拟合度是比较不错的，但我们也有必要考虑该模型的拟合度是否可以改善。例如，在 η_1 的方程中，如果释放参数 γ_{15} 和 γ_{16} 中的任何一个，模型还是可以识别的，相似地，也可以释放参数 γ_{12} 和 γ_{21} 中的任何一个。需要注意的是，如果对模型的改进并无重要的意义，请不要增加这些变量。类似地，如果有理论上的依据，也可以限定某些参数为 0(例如 $\gamma_{14}=0$)。

这个模型的对称特性提供了另外一种路径，即每个影响研究对象期望的变量都会影响到其朋友的期望，没有理由假定影响研究对象期望的变量不会影响其朋友的期望。例如，研究对象的期望对其朋友的期望的影响与其朋友期望对他的期望的影响应该是相同的。这意味着限定 $\beta_{21}=\beta_{12}$ (参见 Jöreskog & Sörbom, 1981)。包含这一系数等同限定的模型在表 3.3 的模型 M_b 中，增加这一限定后，模型增加了 1 个自由度，卡方增加了 0.24。$\beta_{21}=\beta_{12}$ 的假设可以通过比较模型 M_a 和 M_b 的卡方差异进行检验；两个模型之间的卡方差异为 0.24，自由度差异为 1，我们不能拒绝 $\beta_{21}=\beta_{12}$ 的假设。因此增加 $\beta_{21}=\beta_{12}$ 的限定或许是合理的。

表 3.2　同辈影响期望结构方程模型不同估计方法的比较

系数	2SLS		LIML		3SLS		FIML	
	效应	t 值	效应	t 值	效应	t 值	效应	z 值
β_{12}	0.158	1.39	0.158	1.37	0.157	1.38	0.157	1.38
γ_{11}	0.196	4.20	0.196	4.20	0.193	4.22	0.193	4.20
γ_{12}	0.252	4.86	0.252	4.86	0.254	4.97	0.254	5.00
γ_{13}	0.277	5.37	0.277	5.36	0.277	5.36	0.277	5.35
γ_{14}	0.050	0.83	0.050	0.83	0.050	0.83	0.050	0.83
β_{21}	0.240	1.90	0.240	1.90	0.238	1.89	0.238	1.91
γ_{23}	0.047	0.76	0.047	0.75	0.047	0.76	0.047	0.76
γ_{24}	0.254	5.33	0.254	5.33	0.250	5.27	0.250	5.21
γ_{25}	0.323	6.28	0.323	6.28	0.333	6.53	0.333	6.80
γ_{26}	0.201	4.58	0.201	4.58	0.189	4.40	0.189	4.32

注:关于系数的具体意义请参考图 3.1 和文中解释。所有的系数都经过标准化处理。2SLS 代表二阶段最小二乘法,LIML 代表有限信息最大似然法,3SLS 代表三阶段最小二乘法,FIML 代表完全信息最大似然法。2SLS、LIML 和 3SLS 是通过 SAS 中的 SYSREC 进行估计的,FIML 是通过 LISREL 5.0 估计的。

表 3.3　同辈对其期望影响的 FIML 估计

系数	模型 M_a		模型 M_b		模型 M_c	
	效应	z 值	效应	z 值	效应	z 值
β_{12}	0.157	1.38	0.194[a]	2.25	0.192[a]	2.24
γ_{11}	0.193	4.20	0.193	4.21	0.192[b]	6.01
γ_{12}	0.254	5.00	0.250	5.00	0.269[c]	8.13
γ_{13}	0.277	5.35	0.270	5.42	0.264[d]	7.40
γ_{14}	0.050	0.83	0.038	0.69	0.052[e]	1.20
β_{21}	0.239	1.91	0.194[a]	2.25	0.192[a]	2.24
γ_{23}	0.047	0.76	0.062	1.19	0.052[e]	1.20
γ_{24}	0.251	5.21	0.256	5.49	0.264[d]	7.40
γ_{25}	0.332	6.80	0.337	6.93	0.296[c]	8.13
γ_{26}	0.189	4.32	0.188	4.31	0.192[b]	6.01
卡方值	1.88		2.12		4.28	
df	2		3		7	
P 值	0.39		0.55		0.75	

注:罗马字母表明限定参数相等。关于系数的具体意义请参考图 3.1 和文中解释。所有的系数都经过标准化处理。FIML 是通过 LISREL 5.0 估计的。

　　同样，也可以假定研究对象的 SES 对其期望的影响与其朋友的 SES 对其自身的期望的影响是等同的；研究对象智力水平的影响对其期望的影响与其朋友智力水平对其自身的期望的影响也应该是等同的；研究对象父母期望对其期望的影响与其朋友的父母期望对其自身期望的影响也应该是相等的。即 $\gamma_{11} = \gamma_{26}$，$\gamma_{12} = \gamma_{25}$，$\gamma_{13} = \gamma_{24}$，$\gamma_{14} = \gamma_{23}$。表 3.3 中的模型 M_c 列出了参数估计的结果。增加了这些限定后，模型的拟合度有了显著的改善，即自由度增加了 4 个，卡方增加了 2.16，考虑到增加这些限定对模型拟合改善的作用，我们可以合理地认为，模型 M_c 是最好的模型。//

　　在这个例子中，我们可以看到应用协方差结构估计软件的优势在于检验系数等同的限定。下面我们通过例 3.2 来说明允许部分误差项相关的限定。

例3.2：参数估计与假设检验

　　表 3.4 包含了关于心理失调的三个模型。前文已经证明第一个模型 M_a（假定 $\beta_{32} = \beta_{41} = \beta_{51} = 0$）是可以识别的。本章所得到的结果与惠顿（Wheaton，1978：394—395）原文中更为复杂的协方差结构模型的结果是相似的。通过系数 $\beta_{21} = 0.877$ 和 $\beta_{42} = 0.844$ 可以看出心理失调的高度稳定性。$\gamma_{11} = 0.294$ 表明研究对象父亲的社会经济地位对其初始的社会经济地位（η_1）有显著的影响，但是其影响在之后消失了。$\beta_{53} = 0.495$ 也表明了心理失调的高度稳定性。除了研究对象早期的社会经济地位（η_1）对其早期的心理失调症状有显著的影响（η_3），研究对象的社会经济地位对心理失调的影响均不显

著。需要注意的是,这些系数并没有经过标准化处理,不能直接比较系数的大小,关于这些结果的更多讨论,参见惠顿的研究(Wheaton,1978)。

模型 M_a 的卡方为 47.9,自由度为 2,这些指标说明 M_a 的拟合度是比较差的。模型中的每个参数都有理论上的依据,因此不能删除。模型 M_b 限定早期社会经济地位对其后社会经济地位的影响是相同的 $(\beta_{21}=\beta_{42})$ [8],增加这一限定后,模型增加了 3 个自由度,卡方为 49.3。因为模型 M_b 是嵌套于 M_a 的,所以可以通过卡方差异来检验 $\beta_{21}=\beta_{42}$ 的假设,结果表明卡方增加了 1.36,自由度增加了 1,因此不能拒绝 $\beta_{21}=\beta_{42}$ 的假设。

模型 M_a 的卡方为 47.9,自由度为 2,这些指标说明 M_a 的拟合是比较差的。模型中的每个参数都有理论上的依据,因此不能删除。模型 M_b 限定早期社会经济地位对其后社会经济地位的影响是相同的 $(\beta_{21}=\beta_{42})$,增加这一限定后,模型增加了 3 个自由度,卡方为 49.3。因为模型 M_b 是嵌套于 M_a 的,所以可以通过卡方差异来检验 $\beta_{21}=\beta_{42}$ 的假设,结果表明卡方增加了 1.36,自由度增加了 1,因此不能拒绝 $\beta_{21}=\beta_{42}$ 的假设。

既然没有看起来合理的其他限定,我们或许应该考虑增加参数。模型 M_b 修正指标显示,如果模型是可以识别的,释放 Ψ_{24} 可以显著改善拟合度。增加参数 Ψ_{24} 的结果在表 3.4 中的模型 M_c 中。释放了 Ψ_{24} 后,模型依旧是可识别的,并且拟合度有了显著改善。Ψ_{24} 是预测早期的社会经济地位(η_2)和预测晚期的社会经济地位(η_3)的方程中误差项的协方差。这种误差项的相关也被称做序列相关(Kessler & Greenbrerg,

1981),它表明模型中可能没有包含同时影响两个因变量的其他自变量。例如,布劳(Blau)和邓肯的研究表明教育获得会影响到社会经济地位,而在预测 η_2 和 η_3 的方程中都没有包含教育获得变量,这会导致 ζ_2 和 ζ_4 的相关。模型 M_c 的卡方值为 1.58,自由度为 2,这表明模型 M_c 的拟合度是非常不错的。//

表 3.4　心理失调结构方程模型的 FIML 估计

系数	模型 M_a		模型 M_b		模型 M_c	
	效应	z 值	效应	z 值	效应	z 值
γ_{11}	0.294	6.52	0.294	6.52	0.294	6.52
β_{21}	0.877	44.10	0.861[a]	59.11	0.896[a]	69.45
γ_{21}	0.026	1.15	0.031	1.38	0.021	0.92
β_{31}	-0.010	3.80	-0.010	3.90	-0.010	3.72
γ_{31}	-0.002	0.76	-0.002	0.73	-0.002	0.78
β_{42}	0.844	40.01	0.861[a]	59.11	0.896[a]	64.95
β_{43}	-0.057	0.18	-0.035	0.11	0.018	0.06
γ_{41}	0.060	2.50	0.055	2.33	0.046	1.93
β_{52}	-0.002	0.73	-0.001	0.58	-0.002	0.88
β_{53}	0.495	14.95	0.495	14.96	0.495	14.92
γ_{51}	-0.003	1.34	-0.003	1.38	-0.003	1.31
ψ_{23}	1.69	2.68	1.69	2.68	1.72	2.72
ψ_{45}	2.37	4.28	2.37	4.28	2.35	4.41
ψ_{24}	—	—	—	—	-35.31	6.1
卡方值	47.95		49.31		1.58	
df	2		3		2	
P 值	0.000		0.000		0.454	

注:罗马字母表明限定系数相等。对于这些系数的具体意义请参看图 3.1 或者文中关于这些系数的解释。所有的系数都没有标准化,这些估计采用了 LISREL 5.0 的完全信息的最大似然方法。

第 9 节 | 小结

在协方差结构模型的框架下,本章所介绍的结构方程模型是很有意义的。第一,协方差结构估计软件对于估计那些非标准化的不含测量模型的结构方程模型是很有帮助的;第二,应用协方差结构模型时,必须在潜变量之间构建结构方程模型,这与本章所讨论的结构方程模型是一样的,不同的是在协方差结构模型中,结构方程模型是在潜变量之间建立的,而本章是在观测变量之间构建的。我们将在下一章中讨论如何将第 2 章中的测量模型和本章中的结构方程模型整合在一起。

第 *4* 章

协方差结构模型

因子模型在没有考虑潜变量之间关系的情况下从观测变量中估计潜变量，可是潜变量之间的关系通常是研究者的兴趣所在；而结构方程模型虽然关注变量间的结构关系，却必须假定所有的变量都不含测量误差，而因子模型技术表明这种假设往往是不现实的。整合了因子分析和结构方程分析方法的协方差结构模型在一个模型中同时从观测变量中估计潜变量，以及在潜变量中估计结构关系。因此，它既克服了两者的弱点，又吸收了两者的优点。既然我们已经介绍了测量模型和结构方程模型，再介绍协方差结构模型就相对简单了。在本章中，读者需要了解那些连接这两个部分的假定以及如何将我们前面关于模型的识别、参数估计及假设检验应用到协方差结构模型中。

第 1 节 ｜ **数学模型**

　　协方差模型的结构部分与第 3 章中讨论的结构方程模型的数学表达是一致的：

$$\boldsymbol{\eta} = \mathbf{B}\boldsymbol{\eta} + \boldsymbol{\Gamma}\boldsymbol{\xi} + \boldsymbol{\zeta} \qquad [4.1]$$

$\boldsymbol{\eta}$ 为 $(r \times 1)$ 维的内生潜变量的向量集，$\boldsymbol{\xi}$ 为 $(s \times 1)$ 维的外生潜变量向量集，$\boldsymbol{\zeta}$ 为 $(r \times 1)$ 维的方程误差的向量集。$\mathbf{B}$ 为 $(r \times r)$ 维的内生变量之间关系的系数矩阵，$\boldsymbol{\Gamma}$ 为 $(r \times s)$ 维的外生变量与内生变量之间关系的系数矩阵。如果将 $\ddot{\mathbf{B}}$ 定义为 $(\mathbf{I} - \mathbf{B})$，则方程 4.1 可以写做 $\ddot{\mathbf{B}}\boldsymbol{\eta} = \boldsymbol{\Gamma}\boldsymbol{\xi} + \boldsymbol{\zeta}$。

　　第 3 章中关于结构方程模型的假定在这里依然适用。第一，假定所有变量的均值为 0，即 $E(\boldsymbol{\eta}) = E(\boldsymbol{\zeta}) = 0$，$E(\boldsymbol{\xi}) = 0$；第二，没有冗余的方程，即 $(\mathbf{I} - \mathbf{B})^{-1} = \ddot{\mathbf{B}}^{-1}$ 是存在的；第三，方程的误差项与内生变量不相关，即 $E(\boldsymbol{\xi}\boldsymbol{\zeta}') = 0$ 或 $E(\boldsymbol{\zeta}\boldsymbol{\xi}') = 0$。表 4.1 列出了与协方差结构模型的相关假定。

　　关于变量间协方差的定义在这里也适用。外生变量的协方差矩阵定义为：$\boldsymbol{\Phi} = E(\boldsymbol{\xi}\boldsymbol{\xi}')$。方程的误差项矩阵定义为 $\boldsymbol{\Psi} = E(\boldsymbol{\zeta}\boldsymbol{\zeta}')$，$\boldsymbol{\Psi}$ 为对称矩阵，但不一定是对角线矩阵。由方程 4.1 及关于模型的相关假定可以得出内生变量的协方差矩阵

$$\text{COV}(\boldsymbol{\eta}) = \text{E}(\boldsymbol{\eta}\boldsymbol{\eta}') = \ddot{\mathbf{B}}^{-1}(\boldsymbol{\Gamma}\boldsymbol{\Phi}\boldsymbol{\Gamma}' + \boldsymbol{\Psi})\ddot{\mathbf{B}}'^{-1}（推导过程可以参见$$

第 3 章）。

表 4.1　协方差结构模型

矩阵	维度	均值	协 方 差	维度	注　　释
$\boldsymbol{\eta}$	$(r \times 1)$	0	$\text{COV}(\boldsymbol{\eta}) = \text{E}(\boldsymbol{\eta}\boldsymbol{\eta}')$	$(r \times r)$	内生潜变量
$\boldsymbol{\xi}$	$(s \times 1)$	0	$\boldsymbol{\Phi} = \text{E}(\boldsymbol{\xi}\boldsymbol{\xi}')$	$(s \times s)$	外生潜变量
$\boldsymbol{\zeta}$	$(r \times 1)$	0	$\boldsymbol{\Psi} = \text{E}(\boldsymbol{\zeta}\boldsymbol{\zeta}')$	$(r \times r)$	方程误差
$\mathbf{B}$	$(r \times r)$	—	—	—	内生变量间的直接效应
$\ddot{\mathbf{B}}$	$(r \times r)$	—	—	—	$(\mathbf{I} - \mathbf{B})$
$\boldsymbol{\Gamma}$	$(r \times s)$	—	—	—	外生变量对内生变量的直接效应
$\mathbf{x}$	$(q \times 1)$	0	$\boldsymbol{\Sigma}_{xx} = \text{E}(\mathbf{xx}')$	$(q \times q)$	外生观测变量
$\boldsymbol{\Lambda}_x$	$(q \times s)$	—	—	—	x 在 ξ 上的因子负载
$\boldsymbol{\delta}$	$(q \times 1)$	0	$\boldsymbol{\Theta}_\delta = \text{E}(\boldsymbol{\delta}\boldsymbol{\delta}')$	$(q \times q)$	x 的独特因子
$\boldsymbol{\eta}$	$(r \times 1)$	0	$\text{COV}(\boldsymbol{\eta}) = \text{E}(\boldsymbol{\eta}\boldsymbol{\eta}')$	$(r \times r)$	内生共同因子
$\mathbf{y}$	$(p \times 1)$	0	$\boldsymbol{\Sigma}_{yy} = \text{E}(\mathbf{yy}')$	$(p \times p)$	内生观测变量
$\boldsymbol{\Lambda}_y$	$(p \times r)$	—	—	—	y 在 η 上的因子负载
$\boldsymbol{\epsilon}$	$(p \times 1)$	0	$\boldsymbol{\Theta}_\epsilon = \text{E}(\boldsymbol{\epsilon}\boldsymbol{\epsilon}')$	$(p \times p)$	y 的独特因子

注：结构方程：

$$\boldsymbol{\eta} = \mathbf{B}\boldsymbol{\eta} + \boldsymbol{\Gamma}\boldsymbol{\xi} + \boldsymbol{\zeta} \qquad [4.1]$$

因子方程：

$$\mathbf{x} = \boldsymbol{\Lambda}_x\boldsymbol{\xi} + \boldsymbol{\delta} \qquad [4.2]$$

$$\mathbf{y} = \boldsymbol{\Lambda}_y\boldsymbol{\eta} + \boldsymbol{\epsilon} \qquad [4.3]$$

协方差方程：

$$\boldsymbol{\Sigma} \begin{bmatrix} \boldsymbol{\Lambda}_y\ddot{\mathbf{B}}^{-1}(\boldsymbol{\Gamma}\boldsymbol{\Phi}\boldsymbol{\Gamma}' + \boldsymbol{\Psi})\ddot{\mathbf{B}}'^{-1}\boldsymbol{\Lambda}_y' + \boldsymbol{\Theta}_\epsilon & \boldsymbol{\Lambda}_y\ddot{\mathbf{B}}^{-1}\boldsymbol{\Gamma}\boldsymbol{\Phi}\boldsymbol{\Lambda}_x' \\ \boldsymbol{\Lambda}_x\boldsymbol{\Phi}\boldsymbol{\Gamma}'\ddot{\mathbf{B}}'^{-1}\boldsymbol{\Lambda}_y' & \boldsymbol{\Lambda}_x\boldsymbol{\Phi}\boldsymbol{\Lambda}_x' + \boldsymbol{\Theta}_\delta \end{bmatrix} \qquad [4.4]$$

假设：

（1）所有变量的均值为 0：$\text{E}(\boldsymbol{\eta}) = \text{E}(\boldsymbol{\zeta}) = 0$；$\text{E}(\boldsymbol{\xi}) = 0$；$\text{E}(\mathbf{x}) = \text{E}(\boldsymbol{\delta})$ $= 0$；$\text{E}(\mathbf{y}) = \text{E}(\boldsymbol{\epsilon}) = 0$；$\text{E}(\boldsymbol{\eta}) = 0$；

（2）共同因子与独特因子不相关：$\text{E}(\boldsymbol{\xi}\boldsymbol{\delta}') = 0$ 或 $\text{E}(\boldsymbol{\delta}\boldsymbol{\xi}') = 0$；$\text{E}(\boldsymbol{\eta}\boldsymbol{\epsilon}') = 0$ 或 $\text{E}(\boldsymbol{\epsilon}\boldsymbol{\eta}') = 0$；

（3）不同方程中的独特因子不相关：$\text{E}(\boldsymbol{\epsilon}\boldsymbol{\delta}') = 0$ 或 $\text{E}(\boldsymbol{\epsilon}'\boldsymbol{\delta}) = 0$；

（4）方程中的内生变量和误差项不相关：$\text{E}(\boldsymbol{\xi}\boldsymbol{\zeta}') = 0$ 或 $\text{E}(\boldsymbol{\zeta}\boldsymbol{\xi}') = 0$；

（5）没有冗余的方程：$\ddot{\mathbf{B}} = (\mathbf{I} - \mathbf{B})^{-1}$ 存在。

与第 3 章中的结构方程模型不同,协方差结构模型中的 $\boldsymbol{\eta}$ 和 $\boldsymbol{\xi}$ 都是不可观测的潜变量。$\boldsymbol{\eta}$ 和 $\boldsymbol{\xi}$ 通过一对因子模型与观测变量 $\mathbf{x}$ 和 $\mathbf{y}$ 连接起来。

$$\mathbf{x} = \boldsymbol{\Lambda}_x \boldsymbol{\xi} + \boldsymbol{\delta} \qquad [4.2]$$

$$\mathbf{y} = \boldsymbol{\Lambda}_y \boldsymbol{\eta} + \boldsymbol{\epsilon} \qquad [4.3]$$

$\mathbf{x}$ 是 $(q \times 1)$ 维的外生观测变量集,$\mathbf{y}$ 为 $(p \times 1)$ 维的内生观测变量集,$\boldsymbol{\Lambda}_x$ 是 $(q \times s)$ 维的观测变量 x 在潜变量 ξ 上的因子负载矩阵,$\boldsymbol{\Lambda}_y$ 是 $(p \times r)$ 维的观测变量 y 在潜变量 η 上的因子负载矩阵,$\boldsymbol{\delta}$ 和 $\boldsymbol{\epsilon}$ 分别为 $(q \times 1)$ 维和 $(p \times 1)$ 维的独特因子向量集。在每个因子模型中,独特因子之间是可以相关的,也就是说 $\mathrm{COV}(\boldsymbol{\delta}) = \mathrm{E}(\boldsymbol{\delta}\boldsymbol{\delta}') = \boldsymbol{\Theta}_\delta$ 和 $\mathrm{COV}(\boldsymbol{\epsilon}) = \mathrm{E}(\boldsymbol{\epsilon}\boldsymbol{\epsilon}') = \boldsymbol{\Theta}_\epsilon$ 是对阵矩阵,但不一定为对角线矩阵。其实方程 4.2 和方程 4.3 与第 2 章中的方程 2.1 和方程 2.2 是一样的。

第 2 章中关于测量模型的假定依然适用于协方差结构分析中的测量部分。第一,同一方程中的共同因子与独特因子不相关,即 $\mathrm{E}(\boldsymbol{\xi}\boldsymbol{\delta}') = \mathrm{E}(\boldsymbol{\eta}\boldsymbol{\epsilon}') = \mathbf{0}$;第二,不同方程中的共同因子与独特因子不相关,即 $\mathrm{E}(\boldsymbol{\xi}\boldsymbol{\epsilon}') = \mathrm{E}(\boldsymbol{\eta}\boldsymbol{\delta}') = \mathbf{0}$;第三,误差项 δ,ϵ,ζ 之间不相关,即 $\mathrm{E}(\boldsymbol{\delta}\boldsymbol{\epsilon}') = \mathrm{E}(\boldsymbol{\delta}\boldsymbol{\zeta}') = \mathrm{E}(\boldsymbol{\epsilon}\boldsymbol{\zeta}') = \mathbf{0}$。

第 2 节 ｜ 协方差结构

既然假定所有变量的均值为 0，观测变量的协方差矩阵就可以定义为：

$$\boldsymbol{\Sigma} = E\left[\left[\frac{\mathbf{y}}{\mathbf{x}}\right]\left[\frac{\mathbf{y}}{\mathbf{x}}\right]'\right] = E\left[\frac{\mathbf{y}\mathbf{y}' \mid \mathbf{y}\mathbf{x}'}{\mathbf{x}\mathbf{y}' \mid \mathbf{x}\mathbf{x}'}\right]$$

$\left[\dfrac{\mathbf{y}}{\mathbf{x}}\right]$ 是 $(p+q \times 1)$ 维的向量，将方程 4.2 和方程 4.3 代入，得到：

$$\boldsymbol{\Sigma} = E\left[\frac{(\boldsymbol{\Lambda}_y\boldsymbol{\eta} + \boldsymbol{\epsilon})(\boldsymbol{\Lambda}_y\boldsymbol{\eta} + \boldsymbol{\epsilon})' \mid (\boldsymbol{\Lambda}_y\boldsymbol{\eta} + \boldsymbol{\epsilon})(\boldsymbol{\Lambda}_x\boldsymbol{\xi} + \boldsymbol{\delta})'}{(\boldsymbol{\Lambda}_x\boldsymbol{\xi} + \boldsymbol{\delta})(\boldsymbol{\Lambda}_y\boldsymbol{\eta} + \boldsymbol{\epsilon})' \mid (\boldsymbol{\Lambda}_x\boldsymbol{\xi} + \boldsymbol{\delta})(\boldsymbol{\Lambda}_x\boldsymbol{\xi} + \boldsymbol{\delta})'}\right]$$

通过乘法得到：

$$\boldsymbol{\Sigma} = E\left[\frac{\begin{array}{l}\boldsymbol{\Lambda}_y\boldsymbol{\eta}\boldsymbol{\eta}'\boldsymbol{\Lambda}_y' + \boldsymbol{\epsilon}\boldsymbol{\epsilon}' \\ + \boldsymbol{\Lambda}_y\boldsymbol{\eta}\boldsymbol{\epsilon}' + \boldsymbol{\epsilon}\boldsymbol{\eta}'\boldsymbol{\Lambda}_y'\end{array} \bigm| \begin{array}{l}\boldsymbol{\Lambda}_y\boldsymbol{\eta}\boldsymbol{\xi}'\boldsymbol{\Lambda}_x' + \boldsymbol{\epsilon}\boldsymbol{\delta}' \\ + \boldsymbol{\Lambda}_y\boldsymbol{\eta}\boldsymbol{\delta}' + \boldsymbol{\epsilon}\boldsymbol{\xi}'\boldsymbol{\Lambda}_x'\end{array}}{\begin{array}{l}\boldsymbol{\Lambda}_x\boldsymbol{\xi}\boldsymbol{\eta}'\boldsymbol{\Lambda}_y' + \boldsymbol{\delta}\boldsymbol{\epsilon}' \\ + \boldsymbol{\Lambda}_x\boldsymbol{\xi}\boldsymbol{\epsilon}' + \boldsymbol{\delta}\boldsymbol{\eta}'\boldsymbol{\Lambda}_y'\end{array} \bigm| \begin{array}{l}\boldsymbol{\Lambda}_x\boldsymbol{\xi}\boldsymbol{\xi}'\boldsymbol{\Lambda}_x' + \boldsymbol{\delta}\boldsymbol{\delta}' \\ + \boldsymbol{\Lambda}_x\boldsymbol{\xi}\boldsymbol{\delta}' + \boldsymbol{\delta}\boldsymbol{\xi}'\boldsymbol{\Lambda}_x'\end{array}}\right]$$

通过数学期望的变换及协方差为 0 的假定，可得如下方程：

$$\boldsymbol{\Sigma} = \left[\frac{\boldsymbol{\Lambda}_y\ddot{\mathbf{B}}^{-1}(\boldsymbol{\Gamma}\boldsymbol{\Phi}\boldsymbol{\Gamma}' + \boldsymbol{\Psi})\ddot{\mathbf{B}}'^{-1}\boldsymbol{\Lambda}_y' + \boldsymbol{\Theta}_\epsilon \mid \boldsymbol{\Lambda}_y\ddot{\mathbf{B}}^{-1}\boldsymbol{\Gamma}\boldsymbol{\Phi}\boldsymbol{\Lambda}_x'}{\boldsymbol{\Lambda}_x\boldsymbol{\Phi}\boldsymbol{\Gamma}'\ddot{\mathbf{B}}'^{-1}\boldsymbol{\Lambda}_y' \mid \boldsymbol{\Lambda}_x\boldsymbol{\Phi}\boldsymbol{\Lambda}_x' + \boldsymbol{\Theta}_\delta}\right]$$

$$[4.4]$$

方程 4.4 通过模型参数来表达观测变量的方差和协方差。假定模型是可识别的,估计的过程就是根据方程 4.4 找到八个参数矩阵的值来产生一个与样本协方差矩阵 **S** 最为接近的协方差矩阵 **Σ**。

第 3 节 │ 协方差结构模型的特例

将验证性因子分析模型和结构方程模型作为协方差结构模型的特殊情况是非常有意义的,因为这样不仅可以更好地理解协方差结构模型,还可以理解如何运用协方差结构模型的软件来估计验证性因子分析模型和结构方程模型。

因子分析模型

通过限制 $\ddot{\mathbf{B}}=\mathbf{0}$, $\boldsymbol{\Gamma}=\mathbf{0}$, $\boldsymbol{\Psi}=\mathbf{0}$, $\boldsymbol{\Lambda}_y=\mathbf{0}$, $\boldsymbol{\Theta}_\varepsilon=\mathbf{0}$, 协方差结构模型的结构部分简化为 $\boldsymbol{\zeta}=\mathbf{0}$($\boldsymbol{\zeta}$ 的方差也为 0), y 变量的测量部分简化为 $\mathbf{y}=\boldsymbol{\epsilon}=\mathbf{0}$。这样 x 变量的测量部分与就与方程 2.1 等同: $\mathbf{x}=\boldsymbol{\Lambda}_x\boldsymbol{\xi}+\boldsymbol{\delta}$。控制这些限定条件后,方程 4.4 就简化为 $\boldsymbol{\Sigma}=\boldsymbol{\Lambda}_x\boldsymbol{\Phi}\boldsymbol{\Lambda}'_x+\boldsymbol{\Theta}_\delta$, 这与方程 2.3 中的左上部分是相同的。

相似地,通过限制 $\mathbf{B}=\mathbf{0}$($\ddot{\mathbf{B}}=\mathbf{I}$), $\boldsymbol{\Gamma}=\mathbf{0}$, $\boldsymbol{\Psi}=\mathbf{0}$, $\boldsymbol{\Lambda}_y=\mathbf{0}$, $\boldsymbol{\Theta}_\varepsilon=\mathbf{0}$, 以及把 x 变量的测量部分删除,结构方程模型就变成了 $\boldsymbol{\eta}=\boldsymbol{\zeta}$, $\boldsymbol{\eta}$ 的协方差为 $\boldsymbol{\Psi}$。此处的 $\boldsymbol{\Psi}$ 就相当于 x 变量因子模型中的 $\boldsymbol{\Phi}$, 控制这些限定条件后,方程 4.4 就简化为 $\boldsymbol{\Sigma}=\boldsymbol{\Lambda}_y\boldsymbol{\Psi}\boldsymbol{\Lambda}'_y+\boldsymbol{\Theta}_\varepsilon$。

结构方程模型

通过限定潜变量与观测变量相同,就可以将协方差结构模型中的测量部分删除,从而得到结构模型。限定 $\mathbf{\Lambda}_x = \mathbf{I}$, $\mathbf{\Theta}_\delta = \mathbf{0}$, $\mathbf{\Lambda}_x = \mathbf{I}$, $\mathbf{\Theta}_\delta = \mathbf{0}$ 之后,方程 4.1 和方程 4.2 就简化为 $\mathbf{x} = \boldsymbol{\xi}$, $\mathbf{y} = \boldsymbol{\eta}$,即潜变量与观测变量是相同的,方程 3.1 和方程 4.1 都保持不变。限定 $\mathbf{\Lambda}_x = \mathbf{I}$, $\mathbf{\Theta}_\delta = \mathbf{0}$, $\mathbf{\Lambda}_x = \mathbf{I}$, $\mathbf{\Theta}_\epsilon = \mathbf{0}$ 之后,就可以通过方程 4.4 得到方程 3.5。因此,结构方程模型就是协方差结构模型的特例,在施加参数限定后,就可以运用协方差结构的软件来估计结构方程模型。

第 4 节 | **实例**

下面我们通过两个同时包含了测量部分和结构部分的例子来说明模型的设定、识别、估计及检验。

例 4.1：含有测量误差的追踪数据模型

本例将《验证性因子分析》中的例 1 整合到了第 3 章例 3.2 的追踪数据模型中，尽管有些简化，但基本上和惠顿（Wheaton，1978）的原模型是一致的。如图 4.1，该模型包含一个外生变量和五个内生变量。父亲的社会经济地位（ξ_1）、研究对象三个时期的社会经济地位（η_1，η_2 和 η_4），以及研究对象两个时点上的心理失调症状（η_3 和 η_5）。结构模型与例 3.2 的最后一个模型一样：

$$\begin{bmatrix} \eta_1 \\ \eta_2 \\ \eta_3 \\ \eta_4 \\ \eta_5 \end{bmatrix} = \begin{bmatrix} \underline{0} & \underline{0} & \underline{0} & \underline{0} & \underline{0} \\ \beta_{21} & \underline{0} & \underline{0} & \underline{0} & \underline{0} \\ \beta_{31} & \underline{0} & \underline{0} & \underline{0} & \underline{0} \\ \underline{0} & \beta_{42} & \beta_{43} & \underline{0} & \underline{0} \\ \underline{0} & \beta_{52} & \beta_{53} & \underline{0} & \underline{0} \end{bmatrix} \begin{bmatrix} \eta_1 \\ \eta_2 \\ \eta_3 \\ \eta_4 \\ \eta_5 \end{bmatrix} + \begin{bmatrix} \gamma_{11} \\ \gamma_{21} \\ \gamma_{31} \\ \gamma_{41} \\ \gamma_{51} \end{bmatrix} [\xi_1] + \begin{bmatrix} \zeta_1 \\ \zeta_2 \\ \zeta_3 \\ \zeta_4 \\ \zeta_5 \end{bmatrix}$$

首先假定方程的误差项只在同一时点上是相关的，即在时点

2 上预测研究对象社会经济地位和心理失调状况的两个方程的误差项是相关的,在时点 3 上,预测各个变量的方程的误差项也是相关的。因此 $\boldsymbol{\Psi}$ 矩阵为:

$$\boldsymbol{\Psi} = \begin{bmatrix} \psi_{11} & \underline{0} & \underline{0} & \underline{0} & \underline{0} \\ \underline{0} & \psi_{22} & \psi_{23} & \underline{0} & \underline{0} \\ \underline{0} & \psi_{32} & \psi_{33} & \underline{0} & \underline{0} \\ \underline{0} & \underline{0} & \underline{0} & \psi_{44} & \psi_{45} \\ \underline{0} & \underline{0} & \underline{0} & \psi_{54} & \psi_{55} \end{bmatrix}$$

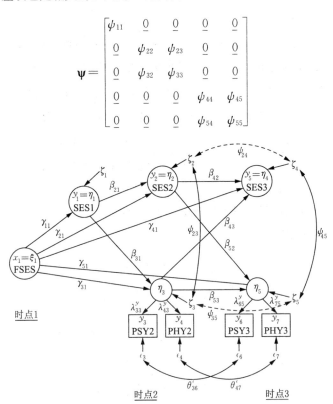

注:FSES 为父亲的社会经济地位;SES1 为研究对象时点 1 时的社会经济地位;SES2 为研究对象时点 2 时的社会经济地位;SES3 为研究对象时点 3 时的社会经济地位;PSY2 为时点 2 时心理失调症状的数目;PHY3 为时点 3 时心理失调症状的数目;PHY2 为时点 2 时精神生理失调症状的数目;PHY3 为时点 3 时精神生理失调症状的数目。

资料来源:Wheaton,1978。

图 4.1　心理失调症状的协方差结构模型

与例 3.2 不同的是,该模型包含了测量模型。外生变量父亲的社会经济地位（ξ_1）是没有测量误差的，即 $x_1 = \xi_1$。$\mathbf{\Lambda}_x = \mathbf{I}$，$\mathbf{\Theta}_\delta = 0$。内生变量的测量误差比较复杂，研究对象三个时期的社会经济地位（η_1，η_2 和 η_4）是没有测量误差的，即 $\eta_1 = y_1$，$\eta_2 = y_2$，$\eta_4 = y_5$，也就是说 $\lambda_{11}^y = \lambda_{22}^y = \lambda_{55}^y = 1$，$\theta_{11}^\epsilon = \theta_{22}^\epsilon = \theta_{55}^\epsilon = 0$。内生潜变量心理失调是通过心理失调症状的数目和精神生理失调症状的数目两个观测变量来测量的，即 y_3 和 y_4 在潜变量 η_3 上的因子负载为 λ_{33}^y 和 λ_{43}^y，y_6 和 y_7 在潜变量 η_5 上的因子负载系数为 λ_{65}^y，和 λ_{75}^y。分别设定因子负载 λ_{33}^y 和 λ_{65}^y 的值为 1（参考验证性因子分析第 2 章）。由于 COV($\boldsymbol{\eta}$）是模型中最重要的参数——因为 COV($\boldsymbol{\eta}$）要通过其他参数矩阵来表达，因此矩阵内生变量 η 只能通过限定因子负载矩阵 $\mathbf{\Lambda}_y$ 来设定，所以 y 的测量模型可以记做：

$$
\begin{bmatrix} y_1 \\ y_2 \\ y_3 \\ y_4 \\ y_5 \\ y_6 \\ y_7 \end{bmatrix} = \begin{bmatrix} 1 & 0 & 0 & 0 & 0 \\ 0 & 1 & 0 & 0 & 0 \\ 0 & 0 & 1 & 0 & 0 \\ 0 & 0 & \lambda_{43}^y & 0 & 0 \\ 0 & 0 & 0 & 1 & 0 \\ 0 & 0 & 0 & 0 & 1 \\ 0 & 0 & 0 & 0 & \lambda_{75}^y \end{bmatrix} \begin{bmatrix} \eta_1 \\ \eta_2 \\ \eta_3 \\ \eta_4 \\ \eta_5 \end{bmatrix} + \begin{bmatrix} 0 \\ 0 \\ \epsilon_3 \\ \epsilon_4 \\ 0 \\ \epsilon_6 \\ \epsilon_7 \end{bmatrix}
$$

与《验证性因子分析》中的例 1 相同，模型假定同一变量的测量误差在不同时点上是相关的，即 $\theta_{36}^\epsilon \neq 0$，$\theta_{47}^\epsilon \neq 0$。由于 y_1，y_2 和 y_5 不含测量误差，因此 $\theta_{11}^\epsilon = \theta_{22}^\epsilon = \theta_{55}^\epsilon = 0$，$\mathbf{\Theta}_\epsilon$ 的协方差矩阵可写为：

$$\mathbf{\Theta}_{\epsilon} = \begin{bmatrix} 0 & 0 & 0 & 0 & 0 & 0 & 0 \\ 0 & 0 & 0 & 0 & 0 & 0 & 0 \\ 0 & 0 & \theta^{\epsilon}_{33} & 0 & 0 & \theta^{\epsilon}_{36} & 0 \\ 0 & 0 & 0 & \theta^{\epsilon}_{44} & 0 & 0 & \theta^{\epsilon}_{47} \\ 0 & 0 & 0 & 0 & 0 & 0 & 0 \\ 0 & 0 & \theta^{\epsilon}_{63} & 0 & 0 & \theta^{\epsilon}_{66} & 0 \\ 0 & 0 & 0 & \theta^{\epsilon}_{74} & 0 & 0 & \theta^{\epsilon}_{77} \end{bmatrix}$$

因此图 4.1 中测量模型有两种表达方式:第一,当没有测量误差时,观测变量和潜变量是相同的,都包含在椭圆形中;第二,当包含测量误差时,观测变量在矩形中,而潜变量则在椭圆形中,通过单向箭头将观测变量和潜变量连接起来。//

例 4.2:包含测量误差的非递归模型

本例(图 4.2)在例 3.3 中结构模型的基础上增加了内生变量的测量模型。

在这个例子中,外生变量不含测量误差,即 $\mathbf{x} = \boldsymbol{\xi}$,$\mathbf{\Lambda}_x = \mathbf{I}$,$\mathbf{\Theta}_{\delta} = \mathbf{0}$,而每个内生变量都有两个测量指标。内生变量 η_1(研究对象的期望)是通过 y_1(研究对象的教育期望)和 y_2(研究对象的职业期望)来测量的。同样,内生变量 η_2(研究对象朋友的期望)是通过 y_3(研究对象朋友的教育期望)和 y_4(研究对象朋友的职业期望)来测量的。因此内生变量的测量模型为:

$$\begin{bmatrix} y_1 \\ y_2 \\ y_3 \\ y_4 \end{bmatrix} = \begin{bmatrix} 1 & 0 \\ \lambda^y_{21} & 0 \\ 0 & 1 \\ 0 & \lambda^y_{42} \end{bmatrix} \begin{bmatrix} \eta_1 \\ \eta_2 \end{bmatrix} + \begin{bmatrix} \epsilon_1 \\ \epsilon_2 \\ \epsilon_3 \\ \epsilon_4 \end{bmatrix}$$

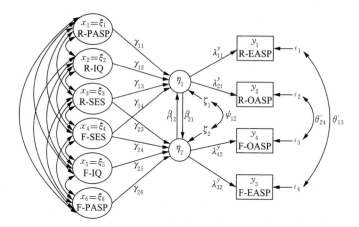

注：R-PASP 为研究对象父母的期望；R-IQ 为研究对象的 IQ；R-SES 为研究对象的社会经济地位；F-SES 为研究对象朋友的社会经济地位；F-IQ 为研究对象朋友的 IQ；F-PASP 为研究对象朋友父母的期望；R-EASP 为研究对象的期望；F-ASP 为研究对象朋友的期望；R-OASP 为研究对象的职业期望；F-OASP 为研究对象朋友的职业期望。

资料来源：Duncan et al., 1971。

图 4.2　同辈对期望影响的协方差结构模型

模型设定因子负载 λ_{11}^y 和 λ_{32}^y 的值为 1。邓肯等人（Duncan, 1971）假定测量误差之间存在如下关联：

$$\boldsymbol{\Theta}_\epsilon = \begin{bmatrix} \theta_{11}^\epsilon & \underline{0} & \theta_{13}^\epsilon & \theta_{14}^\epsilon \\ \underline{0} & \theta_{22}^\epsilon & \theta_{23}^\epsilon & \theta_{24}^\epsilon \\ \theta_{31}^\epsilon & \theta_{32}^\epsilon & \theta_{33}^\epsilon & \underline{0} \\ \theta_{41}^\epsilon & \theta_{42}^\epsilon & \underline{0} & \theta_{44}^\epsilon \end{bmatrix}$$

θ_{13}' 和 θ_{24}'（对应地 θ_{31}' 和 θ_{42}'）表明研究对象及其朋友的职业期望的测量误差是相关的；研究对象及其朋友的教育期望也是相关的。由于类似的测量误差可能同时存在于对研究对象和其朋友职业期望的测量中，上述误差相关的设定是合理的。θ'_{14}（等于 θ'_{41}）和 θ'_{23}（等于 θ'_{32}）表明研究对象的教育期望和其朋友的职业期望是相关的（反之亦然），这看似是没必要的；如果教育期望和职业期望的测量误差是相关的，假定其在同一人身上是相关的则是很合理的（比如 θ'_{12} 和 θ'_{34}），因此在我们的分析中，θ'_{23} 和 θ'_{14} 被限定为 0。//

第 5 节 │ **模型的识别**

　　与因子分析和结构方程模型一样，在估计协方差结构模型之前，必须要确定模型是否可以识别。协方差结构模型的识别与我们之前的讨论并没有什么不同，因为其增加的只是参数的个数。

　　模型可识别的一个必要条件就是所有估计的自由参数的个数必须小于或等于样本观测变量协方差矩阵 **S** 中非冗余元素的个数。当计算自由参数的个数时，必须考虑到参数等同限定及对称矩阵等因素。例如，限定 $\gamma_{11}=\gamma_{12}=\gamma_{13}=\gamma_{14}$ 后，自由参数的个数为 1，这是因为知道了其中的一个参数后，就可以计算出其他参数。再比如，Ψ_{12} 和 Ψ_{21} 只能算做一个自由参数，因为在对称矩阵中，$\Psi_{12}=\Psi_{21}$。 如果用 t 来表示协方差结构模型中自由参数的数量，则模型可识别的必要条件为：$t \leqslant \frac{1}{2}(p+q)(p+q+1)$。

　　尽管前文讨论了判断特定模型是否可识别的条件，然而这些条件并不能简单地用来判断饱和协方差结构模型是否可以识别。通常，模型是否可以识别必须通过运用观测变量的方差和协方差来证明模型中的参数是可以求解的。对协方差结构模型而言，首先要证明测量模型中的参数是可以识别的，然后运用因子的方差和协方差来证明结构模型是可以识别的,需要注意的是,协方差分析中的结构方程模型的识别是不能直接运用观测变量的方差和协方差来证明的。因子之间的协方差可以通过观测变量的方差和协方差来解决,这是证明测量模型可以识别的充分条件。需要注意的是,除非首先证明测量模型是可以识别的,否则运用因子间的方差和协方差来解决结构参数并不是证明结构模型可以识别的充分条件。

　　验证一个模型是否可以识别是一件非常困难的事情。约瑞斯科和索尔波姆认为可以通过计算机估计软件来证明一个模型是否可以识别,因为在对参数进行最大似然估计时,估计软件会计算信息矩阵(Jöreskog & Sörbom,1978)。简单地说,信息矩阵就等于参数的方差和协方差矩阵,约瑞斯科和索尔波姆提到,如果信息矩阵是正定的,那么模型几乎都是可以识别的,如果信息矩阵为非正定的,则模型是不可识别的。

　　读者需要注意的是,这并不是模型可以识别的充分条件。如果信息矩阵是正定的,模型也有可能无法识别或者估计的参数是没有意义的。另一方面,如果通过观测变量的方差和协方差证明模型是可以识别的,信息矩阵也有可能是非正定的,或者在运行程序时会给出模型不可识别的错误指示。如果要用信息矩阵来判断一个模型是否可以识别(我们并不推荐这种方法),研究者应该采用约瑞斯科(Jöreskog,1978)的程序。假如根据信息矩阵显示模型是可以识别的,读者应该尝试设定不同的初始值,如果得到的估计结果相同,研究者会有较大的信心(仍然不确定)认为模型是可识别的。可是当条件几乎满足时,如果模型仍然是不可识别,那么其结果也是没有意义的。本书推荐研究者通过用观测变量的方差和协方差矩阵来解决模型参数的方式来证明一个模型是否可以识别。

例 4.1 的识别

这个例子中的结构模型与例 3.2 是相同的（比较图 3.1 和图 4.1）。不同的是例 3.2 中的结构方程的变量是可观测变量，而本例中有些变量是潜变量。在例 3.2 中，我们通过每个参数(β，γ，Ψ)都可以运用观测变量的方差和协方差(η，ξ)来解决的方式证明模型是可以识别的。既然例 3.2 与本例中的结构方程模型是相同的，其中关于每个参数的代数表达就可以通过潜变量的方差和协方差来解决，如果潜变量的方差和协方差是可以识别的，那么本例中的结构模型也是可以识别的。

要识别潜变量的方差和协方差，就必须证明其中的每个参数都可以用观测变量的方差和协方差来解决。由于观测变量和潜变量是通过测量模型联系在一起的，我们就必须从测量模型开始。

$$x_1 = \xi_1 \qquad y_1 = \eta_1 \qquad y_2 = \eta_2$$
$$y_3 = \eta_3 + \epsilon_3 \qquad y_4 = \lambda^y_{43}\eta_3 + \epsilon_4 \qquad y_5 = \eta_4$$
$$y_6 = \eta_5 + \epsilon_6 \qquad y_7 = \lambda^y_{75}\eta_5 + \epsilon_7$$

我们可以通过乘以每对测量方程，取期望，然后运用某些变量不相关的假定（方程中用线划去的部分）得到观测变量 x 和 y 的协方差。观测变量的方差为：

$$\sigma_{x1x1} = \phi_{11}$$

$$\sigma_{y1y1} = \text{VAR}(\eta_1)$$

$$\sigma_{y2y2} = \text{VAR}(\eta_2)$$

$$\sigma_{y3y3} = \text{VAR}(\eta_3) + \theta'_{33} + 2\cancel{\text{COV}(\eta_3, \varsigma_3)}$$

$$\sigma_{y4y4} = \lambda^{y\,2}_{43}\text{VAR}(\eta_3) + \theta'_{44} + 2\lambda^{y}_{43}\cancel{\text{COV}(\eta_3, \varsigma_4)}$$

$$\sigma_{y5y5} = \text{VAR}(\eta_4)$$

$$\sigma_{y6y6} = \text{VAR}(\eta_5) + \theta'_{66} + 2\cancel{\text{COV}(\eta_5, \varsigma_6)}$$

$$\sigma_{y7y7} = \lambda^{y\,2}_{75}\text{VAR}(\eta_5) + \theta'_{77} + 2\lambda^{y}_{75}\cancel{\text{COV}(\eta_5, \varsigma_7)}$$

观测变量的协方差为：

$$\sigma_{x1y1} = \text{COV}(\xi_1, \eta_1)$$

$$\sigma_{x1y2} = \text{COV}(\xi_1, \eta_2)$$

$$\sigma_{x1y3} = \text{COV}(\xi_1, \eta_3) + \cancel{\text{COV}(\xi_1, \varsigma_3)}$$

$$\sigma_{x1y4} = \lambda^{y}_{43}\text{COV}(\xi_1, \eta_3) + \cancel{\text{COV}(\xi_1, \varsigma_4)}$$

$$\sigma_{x1y5} = \text{COV}(\xi_1, \eta_4)$$

$$\sigma_{x1y6} = \text{COV}(\xi_1, \eta_5) + \cancel{\text{COV}(\xi_1, \varsigma_6)}$$

$$\sigma_{x1y7} = \lambda^{y}_{75}\text{COV}(\xi_1, \eta_5) + \cancel{\text{COV}(\xi_1, \varsigma_7)}$$

$$\sigma_{y1y2} = \text{COV}(\eta_1, \eta_2)$$

$$\sigma_{y1y3} = \text{COV}(\eta_1, \eta_3) + \cancel{\text{COV}(\eta_1, \varsigma_3)}$$

$$\sigma_{y1y4} = \lambda^{y}_{43}\text{COV}(\eta_1, \eta_3) + \cancel{\text{COV}(\eta_1, \varsigma_4)}$$

$$\sigma_{y1y5} = \text{COV}(\eta_1, \eta_4)$$

$$\sigma_{y1y6} = \text{COV}(\eta_1, \eta_5) + \cancel{\text{COV}(\eta_1, \varsigma_6)}$$

$$\sigma_{y1y7} = \lambda^{y}_{75}\text{COV}(\eta_1, \eta_5) + \cancel{\text{COV}(\eta_1, \varsigma_7)}$$

$$\sigma_{y2y3} = \mathrm{COV}(\eta_2, \eta_3) + \cancel{\mathrm{COV}(\eta_2, \epsilon_3)}$$

$$\sigma_{y2y4} = \lambda_{43}^{y} \mathrm{COV}(\eta_2, \eta_3) + \cancel{\mathrm{COV}(\eta_2, \epsilon_4)}$$

$$\sigma_{y2y5} = \mathrm{COV}(\eta_2, \eta_4)$$

$$\sigma_{y2y6} = \mathrm{COV}(\eta_2, \eta_5) + \cancel{\mathrm{COV}(\eta_2, \epsilon_6)}$$

$$\sigma_{y2y7} = \lambda_{75}^{y} \mathrm{COV}(\eta_2, \eta_5) + \cancel{\mathrm{COV}(\eta_2, \epsilon_7)}$$

$$\sigma_{y3y4} = \lambda_{43}^{y} \mathrm{VAR}(\eta_3) + \theta_{34}^{\epsilon} + \cancel{\mathrm{COV}(\eta_3, \epsilon_4)} + \lambda_{43}^{y} \cancel{\mathrm{COV}(\eta_3, \epsilon_3)}$$

$$\sigma_{y3y5} = \mathrm{COV}(\eta_3, \eta_4) + \cancel{\mathrm{COV}(\eta_4, \epsilon_3)}$$

$$\sigma_{y3y6} = \mathrm{COV}(\eta_3, \eta_5) + \theta_{36}^{\epsilon} + \cancel{\mathrm{COV}(\eta_5, \epsilon_3)} + \cancel{\mathrm{COV}(\eta_3, \epsilon_6)}$$

$$\sigma_{y3y7} = \lambda_{75}^{y} \mathrm{COV}(\eta_3, \eta_5) + \theta_{37}^{\epsilon} + \cancel{\mathrm{COV}(\eta_3, \epsilon_7)}$$
$$\qquad + \lambda_{75}^{y} \cancel{\mathrm{COV}(\eta_5, \epsilon_3)}$$

$$\sigma_{y4y5} = \lambda_{43}^{y} \mathrm{COV}(\eta_3, \eta_4) + \cancel{\mathrm{COV}(\eta_4, \epsilon_4)}$$

$$\sigma_{y4y6} = \lambda_{43}^{y} \mathrm{COV}(\eta_3, \eta_5) + \theta_{46}^{\epsilon} + \lambda_{43}^{y} \cancel{\mathrm{COV}(\eta_3, \epsilon_6)}$$
$$\qquad + \cancel{\mathrm{COV}(\eta_5, \epsilon_4)}$$

$$\sigma_{y4y7} = \lambda_{43}^{y} \lambda_{75}^{y} \mathrm{COV}(\eta_3, \eta_5) + \theta_{47}^{\epsilon} + \lambda_{43}^{y} \cancel{\mathrm{COV}(\eta_3, \epsilon_7)}$$
$$\qquad + \lambda_{75}^{y} \cancel{\mathrm{COV}(\eta_5, \epsilon_4)}$$

$$\sigma_{y5y6} = \mathrm{COV}(\eta_4, \eta_5) + \cancel{\mathrm{COV}(\eta_4, \epsilon_6)}$$

$$\sigma_{y5y7} = \lambda_{75}^{y} \mathrm{COV}(\eta_4, \eta_5) + \cancel{\mathrm{COV}(\eta_4, \epsilon_7)}$$

$$\sigma_{y6y7} = \lambda_{75}^{y} \mathrm{VAR}(\eta_5) + \theta_{67}^{\epsilon} + \cancel{\mathrm{COV}(\eta_5, \epsilon_7)} + \lambda_{75}^{y} \cancel{\mathrm{COV}(\eta_5, \epsilon_6)}$$

　　这些方程看起来很复杂，我们可以通过误差项与因子不相关及某些误差项不相关的假定来简化这些方程。运用这些假定后，我们很容易发现许多参数是可以识别的，因为它们都可以用观测变量的协方差来解决。例如 ϕ_{11}，$\mathrm{VAR}(\eta_1)$，

$\mathrm{VAR}(\eta_2)$，$\mathrm{VAR}(\eta_4)$，以及除 $\mathrm{COV}(\eta_3,\eta_5)$ 之外的潜变量的协方差都是可以识别的。

因子负载系数可以通过下列方程证明是可以识别的：

$$\lambda_{43}^y = \sigma_{x1y4} \div \sigma_{x1y3}$$

$$\lambda_{75}^y = \sigma_{x1y7} \div \sigma_{x1y6}$$

由于因子负载系数是可以识别的，其余的潜变量之间的协方差也是可以识别的：

$$\mathrm{COV}(\eta_3,\eta_5) = \sigma_{y3y7} \div \lambda_{75}^y$$

剩余的参数可以通过下列方程证明其是可以识别的：

$$\mathrm{VAR}(\eta_3) = \sigma_{y3y4} \div \lambda_{43}^y$$

$$\theta_{36}^\epsilon = \sigma_{y3y6} - \mathrm{COV}(\eta_3,\eta_5)$$

$$\theta_{47}^\epsilon = \sigma_{y4y7} - \lambda_{43}^y \lambda_{75}^y \mathrm{COV}(\eta_3,\eta_5)$$

$$\mathrm{VAR}(\eta_5) = \sigma_{y6y7} \div \lambda_{75}^y$$

$$\theta_{33}^\epsilon = \sigma_{y3y3} - \mathrm{VAR}(\eta_3)$$

$$\theta_{44}^\epsilon = \sigma_{y4y4} - \lambda_{43}^{y\,2} \mathrm{VAR}(\eta_3)$$

$$\theta_{66}^\epsilon = \sigma_{y6y6} - \mathrm{VAR}(\eta_5)$$

$$\theta_{77}^\epsilon = \sigma_{y7y7} - \lambda_{75}^{y\,2} \mathrm{VAR}(\eta_5)$$

测量模型中的所有参数以及潜变量的方差和协方差都已被证明是可以识别的。因此可以通过例 3.2 中的方式来证明结构方程模型也是可以识别的。//

例 4.2 的识别

如上文所述，如果潜变量的方差和协方差是可以识别的,那么该模型的结构部分也是可以识别的。本例的证明过程与例 3.3 的证明过程是一样的。因为 $\mathbf{x}=\xi$,$\mathbf{\Phi}$ 矩阵就等于 x 的方差和协方差,因此 $\mathbf{\Phi}$ 是可以识别的。y 的测量方程如下:

$$y_1 = \eta_1 + \epsilon_1 \qquad y_2 = \lambda_{21}^y \eta_1 + \epsilon_2$$
$$y_3 = \eta_2 + \epsilon_3 \qquad y_4 = \lambda_{42}^y \eta_2 + \epsilon_4$$

因为 ξ 与 ϵ 不相关,因此很容易证明 η 和 ξ 的协方差是可以识别的。例如,将 y_1 的方程乘以 $\xi_1 = x_1$,然后取期望得到 $E(y_1 x_1) = E(\eta_1 x_1) + E(\epsilon_1 x_1)$,或者 $\sigma_{y1x1} = COV(\eta_1, x_1) = COV(\epsilon_1, \xi_1)$。$y$ 的协方差方程为:

$$\sigma_{y1y1} = VAR(\eta_1) + \theta_{11}^\epsilon \qquad\qquad \sigma_{y2y2} = \lambda_{21}^{y\ 2} VAR(\eta_1) + \theta_{22}^\epsilon$$

$$\sigma_{y3y3} = VAR(\eta_2) + \theta_{33}^\epsilon \qquad\qquad \sigma_{y4y4} = \lambda_{42}^{y\ 2} VAR(\eta_2) + \theta_{44}^\epsilon$$

$$\sigma_{y1y2} = \lambda_{21}^y VAR(\eta_1) \qquad\qquad \sigma_{y1y3} = COV(\eta_1, \eta_2) + \theta_{13}^\epsilon$$

$$\sigma_{y1y4} = \lambda_{42}^y COV(\eta_1, \eta_2) \qquad\qquad \sigma_{y2y3} = \lambda_{21}^y COV(\eta_1, \eta_2)$$

$$\sigma_{y2y4} = \lambda_{21}^y \lambda_{42}^y COV(\eta_1, \eta_2) + \theta_{24}^\epsilon \quad \sigma_{y3y4} = \lambda_{42}^y VAR(\eta_2)$$

方程中已经删除了假定为 0 的协方差。由于 10 个方程中含有 11 个自由参数,因此参数是不可识别的。如果将 y 的测量模型与其他模型单独分析,模型也是不可识别的。但是在协方差结构模型中,每个参数的识别都会用到整个模型的信息。在这个例子中,y_2,x_1,y_4,x_1 的方程可以证明 y 的测量模型是可以识别的。其协方差方程为:

$$\sigma_{y2x1} = \lambda_{21}^y COV(\eta_1, \xi_1)$$

$$\sigma_{y4x1} = \lambda_{42}^y COV(\eta_2, \xi_1)$$

既然 $COV(\eta_1, \xi_1)$ 和 $COV(\eta_2, \xi_1)$ 是可识别的,那么两个因

子负载系数也是可以识别的。由于因子负载系数是可以识别的,内生变量的方差也是可以识别的:

$$\mathrm{VAR}(\eta_1) = \sigma_{y1y2} \div \lambda_{21}^y$$

$$\mathrm{VAR}(\eta_2) = \sigma_{y3y4} \div \lambda_{42}^y$$

这些表明 θ_{11}^ι、θ_{22}^ι、θ_{33}^ι、θ_{44}^ι 都是可以识别的,下列方程表明其余的参数也是可以识别的:

$$\mathrm{COV}(\eta_1,\ \eta_2) = \sigma_{y1y4} \div \lambda_{42}^y$$

$$\theta_{13}^\iota = \sigma_{y1y3} - \mathrm{COV}(\eta_1,\ \eta_2)$$

$$\theta_{24}^\iota = \sigma_{y2y4} - \lambda_{21}^y \lambda_{42}^y \mathrm{COV}(\eta_1,\ \eta_2)$$

每个参数都可以通过观测变量的方差和协方差来求解,因此模型是可以识别的。其中有些参数过度识别了,读者应该尝试用不同的方法来解决这些参数。//

　　证明参数是否可以识别包含了许多步骤、许多参数,许多地方都可能会出错。为了避免这些错误,本书建议首先将测量模型和结构模型的方程用小写的罗马字母代替大写的希腊参数,这样有助于减少出错的几率;第二步,用罗马字母列出所有的协方差方程;第三步,列出所有需要识别的参数;第四步,将这些列表复制几份;第五步,当证明了某个参数可以识别后,就在列表上划去该参数以及包含该参数的协方差方程,直到证明所有的参数都是可以识别的;第六步,稍等一天之后,重复上面的五个步骤。尽管这看起来需要大量的工夫,但是请记住,如果模型是不可识别的,所有的分析就都是没有意义的。

第 6 节 | 模型的估计

证明模型可识别之后，就可以估计模型了。协方差结构模型可以通过我们在第 3 章中讨论的完全信息技术来估计：未加权的最小二乘法（ULS）、一般最小二乘法（GLS）以及最大似然法（ML）。每个参数的估计值都是使得预测的协方差矩阵 $\hat{\boldsymbol{\Sigma}}$ 与样本中观测的协方差矩阵 S 之间的差异最小，这两个矩阵之间的差异的定义是由估计方法决定的。与验证性因子分析相比，协方差模型的估计并没有复杂多少，不同的是估计的协方差矩阵是由下列方程决定的：

$$\hat{\boldsymbol{\Sigma}} = \left[\begin{array}{c|c} \hat{\boldsymbol{\Lambda}}_y \hat{\mathbf{B}}^{-1} (\hat{\boldsymbol{\Gamma}} \hat{\boldsymbol{\Phi}} \hat{\boldsymbol{\Gamma}}' + \hat{\boldsymbol{\Psi}}) \hat{\mathbf{B}}'^{-1} \hat{\boldsymbol{\Lambda}}_y' + \hat{\boldsymbol{\Theta}}_\epsilon & \hat{\boldsymbol{\Lambda}}_y \hat{\mathbf{B}}^{-1} \hat{\boldsymbol{\Gamma}} \hat{\boldsymbol{\Phi}} \hat{\boldsymbol{\Lambda}}_x' \\ \hline \hat{\boldsymbol{\Lambda}}_x \hat{\boldsymbol{\Phi}} \hat{\boldsymbol{\Gamma}}' \hat{\mathbf{B}}'^{-1} \hat{\boldsymbol{\Lambda}}_y' & \hat{\boldsymbol{\Lambda}}_x \hat{\boldsymbol{\Phi}} \hat{\boldsymbol{\Lambda}}_x' + \hat{\boldsymbol{\Theta}}_\delta \end{array} \right]$$

ULS 估计法可以在不假定观测变量的分布时，得出一致性的估计，然而其缺点是估计值依赖变量的测量尺度而且没有相关的统计检验技术。如果观测变量是多元正态分布的，那么 GLS 和 ML 的估计都具有渐进性的特征。ML 最接近无偏估计，因为其抽样分布的方差更小，而且接近正态分布。GLS 估计与 ML 估计基本相同。关于不同估计方法的特点，可以参考《验证性因子分析》中的讨论。

与因子模型或者结构方程模型相比，协方差结构模型通常有更多的参数。因此估计模型时,其耗费的时间也更长。每种估计方法都通过迭代程序寻找更好的估计参数。迭代的第一步是要提供初始值,提供了较精确的初始值,会大大加快协方差模型估计的收敛。LISREL 5.0 的提供了模型初始值的选择程序(Jöreskog & Sörbom,1981:I.32)。

第 7 节 | **模型拟合度**

与第 3 章中的结构方程模型及《验证性因子分析》相比，评估协方差结构模型拟合度的技术并没有什么不同。这里只是回顾一下前文的介绍。

检验参数估计值

协方差结构模型中测量部分的参数检验和解释与因子分析模型是一样的。同样，其结构部分的参数检验与解释也可以参照结构方程模型。负的方差、大于 1 的相关系数及不合理的参数估计值都表明模型存在问题。可能的原因有错误的模型设定、错误的协方差矩阵、不可识别的参数或者错误的模型命令等。

需要特别注意参数的符号。有些软件将 **B** 记作"BETA"，有些则将 B̈ 记作"BETA"，这种情况下，需要注意软件采用的是哪种定义。如果对两个矩阵中的参数施加等同限定，那么这两个被限制为"等同"的参数的符号就可能是相反的。例如，通过 LISREL 5.0 限定 β_{ij} 等于 γ_{mn}，从而导致 $\beta_{ij} = -\gamma_{mn}$。如果不留意这些区别，就很容易出错。

参数的方差与协方差

参数的方差可以通过 GLS 和 ML 来估计。在观测变量服从正态分布的假定下，所需估计的参数就接近正态分布，从而可以通过 z 检验对单个参数进行检验。通过估计值的协方差就可以计算其相关系数，如果两个参数的相关系数很大，就表明很难区分这两个参数，这些模型识别不足的讨论可以参考《验证性因子分析》。

卡方拟合度检验

在观测变量服从正态分布的假定下，ML 和 GLS 估计可以提供关于设定模型与零模型之间的卡方检验。相对于自由度而言，较大的卡方值表明模型并没有很好地拟合数据。协方差结构模型中，卡方检验的自由度为 $df = 1/2(p+q) \cdot (p+q+1) - t$，t 为模型中自由参数的数量。

卡方值的差异检验可以用来比较嵌套模型。如果模型 M_1 可以通过限定一个或以上的模型 M_2 中的参数得到，那么模型 M_1 就嵌套于模型 M_2 中。如果模型 M_1 嵌套于模型 M_2 中，那么模型 M_1 的卡方值为 X_2^1，自由度为 df_1；模型 M_2 的卡方值为 X_2^2，自由度为 df_2；对于大样本而言，$X^2 = X_1^2 - X_2^2$，服从自由度为 $df = df_1 - df_2$ 的卡方分布。特定自由度下较大的卡方值表明，对于模型 M_1 施加额外的限定应该被拒绝。

样本规模对假设检验的影响

z 检验和卡方检验都会受到样本规模的影响。[9] 表面看来,样本规模对关于模型拟合度卡方检验的影响与其对单个参数 z 检验的影响是相反的。例如,样本规模越大,模型拟合度就有可能越差,而单个参数 z 检验的统计显著性则会提高。然而,这些看似相反的影响,其实都是合理的。

当样本规模增大时,抽样分布的方差会变小,即由于样本规模较大,随机抽取的两个样本之间的差异可能会比较小。既然抽样分布的方差较小,那么较差的模型拟合度很有可能是因为模型假设是错误的(比如,参数并不等于假设的值)而非因为抽样误差造成的(即参数不等于假设的值是因为抽样有偏)。因此,当样本规模增大时,参数估计值之间较小的差异都会变得显著。

卡方检验也是类似的情形,可以把卡方检验看做检验模型预测的协方差与观测变量的协方差之间差异的一种方法。当样本规模增大时,预测协方差与观测协方差之间较小的差异都会变得显著。同样,估计的参数值与假设的参数值之间的细小差异也会变得显著。

因此,当样本规模很大时,因为模型的拟合度在统计上是不可接受的,几乎任何自由度为正的模型都有可能被拒绝。这种情况被本特勒和博内特(Bentler & Bonett, 1980)称做"最小错误"模型。最小错误模型是基于卡方检验而拒绝预测协方差与观测协方差之间差异很小的模型。他们认为即便可能会有更好的模型来解释这些差异,但最初的模型却提供了最为重要的解释。约瑞斯科和索尔波姆(Jöreskog & Sörbom, 1978)也表达过类似的观点,统计问题并不是假设检验的唯一标准,只是提供判断模型是否很好地拟合了数据的参考。

在协方差结构模型中,样本规模与统计检验的关系其实很简单。对 ML 和 GLS 估计来说,卡方统计量为 $(N-1)\Delta$, N 是样本规模,Δ 是依赖于观测变量协方差矩阵而与样本规模无关的量。例如,用同一个模型来估计两个不同规模的样本,样本 1 的规模为 N_1,样本 2 的规模为 N_2。假定两个样本的协方差矩阵是一样的,既然 Δ 与样本规模无关,那么两个样本中的 Δ 也是一样的。然而,由于样本规模不同,两个样本的卡方值也不相同。具体来讲,$X_1^2 = (N_1-1)\Delta$, $X_2^2 = (N_2-1)\Delta$,两者之间的关系为:

$$X_2^2 = X_1^2 \left(\frac{N_2-1}{N_1-1}\right)$$

z 统计量与样本规模的关系也是类似的。ω 为任意一个具体的参数,ω 抽样分布的方差为 $[\Delta/(N-1)]$,Δ 是与样本规模无关的值。同样,用同一个模型来估计两个不同规模的样本,样本 1 的规模为 N_1,样本 2 的规模为 N_2。假定两个样本的协方差矩阵是一样的,既然 Δ 与样本规模无关,那么两个样本中的 Δ 也是一样的。然而,由于样本规模不同,抽样分布会不同。具体来说,$\sigma_1^2 = \Delta/(N_1-1)$, $\sigma_2^2 = \Delta/(N_2-1)$,两者之间的关系为:

$$\sigma_2^2 = \sigma_1^2 \left(\frac{N_1-1}{N_2-1}\right)$$

z 统计量的公式为 $z = (\hat{\omega} - \omega^*)/\sigma$, ω^* 为假设中设定的常数,既然 $\hat{\omega}$ 与 ω^* 都不受样本规模的影响,则样本规模对样

本统计量的影响为：

$$z_2 = z_1 \sqrt{\frac{N_2 - 1}{N_1 - 1}}$$

其中，z_1 为样本规模为 N_1 的样本统计量，z_2 为样本规模为 N_2 的样本统计量。

模型修正指标

如果模型拟合较差，可以进行模型设定搜寻过程。例如，可以删除那些统计上不显著的参数，当然也可以加入某些参数。通过释放具有最大模型修正指标的参数，通常可以很好地改善模型的拟合度。在模型设定搜寻过程中，需要注意以下几点：第一，必须证明所考虑的模型都是可以识别的；第二，不能仅通过常规的 z 检验或卡方检验来选择模型，这是因为模型是由数据选择的，因此不能用同样的数据来检验模型；第三，必须在理论和实际的指导下搜寻模型。即便是根据理论所设定的模型被拒绝了，也不能为了增加模型的拟合度而删除或者增加某个参数。

衍生参数

计算由模型估计得出的衍生参数通常是很有帮助的。可以通过估计的协方差矩阵计算潜变量的相关系数。例如，ξ_i 和 ξ_j 之间的相关系数可以通过 $\rho_{ij} = \phi_{ij} \div \sqrt{\varphi_{ii}\varphi_{jj}}$ 来计算，其中 ϕ 为 $\boldsymbol{\Phi}$ 矩阵中的元素。为了评估潜变量的多个指标，也可以计算其信度(关于信度的计算与解释详细参阅《验证性因子分析》)。对于模型中的结构部分,可以计算每个方程的确定系数。例如,对于预测 η_i 的方程,其确定系数为 $R^2 = (s_{ii} - \hat{\Psi}_{ii})/s_{ii}$(详细参考第 3 章中关于确定系数的讨论)。 前文因子模型及结构方程模型中关于参数的讨论都可以直接应用到协方差结构模型的分析中。

下面我们通过两个例子来说明上文的讨论。

例 4.1:参数估计与假设检验

表 4.2 列出了关于心理失调的六个模型的 ML 估计结果。模型 M_d 与惠顿(Wheaton, 1978)估计的模型最相近。[10]虽然模型 M_a,M_b,M_c 不太符合实际情况,但是它们对说明模型的设定和假设检验是很有帮助的。模型 M_e 和 M_f 包含了误差项的序列相关,是对惠顿模型的扩展。

模型 M_a 假定所有方程中的误差项都是不相关的,即所有变量的误差都不相关,因此没有任何参数是相等的。模型 M_a 的卡方值为 142.6,自由度为 13,这表明该模型的拟合度很差。模型 M_b 增加了两个合理的系数等同限定:(1)$\beta_{21} = \beta_{42}$,表明前期 SES 对后期 SES 影响的稳定性;(2)$\lambda_{43}^y = \lambda_{75}^y$,心理失调症状的因子负载在不同时期的尺度是一样的。增加了这两个限度后,自由度增加了 2 个,卡方增加了 4.84。我们可以通过比较模型 M_a 和模型 M_b 的卡方差异检验这两个参数限定,即 $H_0: \beta_{21} = \beta_{42}$,$\lambda_{43}^y = \lambda_{75}^y$。 卡方差异为 $X^2 = X_b^2 - X_a^2 = 4.84$,自由度 $df = df_a - df_b = 2$,因此不能在 95% 的置信水平上拒绝原假设。

模型 M_c 增加了参数 θ'_{36} 和 θ'_{47}，即关于同一变量的测量误差在不同时间点上是相关的。加入这两个参数的理由如下：例如，时点 2 上影响心理失调症状（y_3）测量误差的因素很有可能也会影响时点 3 上心理失调的症状（y_6）的测量误差，即 $\theta'_{36} \neq 0$，同样，θ'_{47} 也不等于 0。释放这两个参数用掉了 2 个自由度，卡方差异减少了 16.5，因此可以拒绝 $\theta'_{36} = \theta'_{47} = 0$ 的原假设。

模型 M_a 和模型 M_c 分布用了相同的参数再现协方差结构，可是模型 M_c 更好一些，因为它的卡方值比较小。可是由于 M_a 和 M_c 并不是嵌套模型，所有无法检验 11.7 的卡方差异是否显著。可是基于实际情况的考虑，M_c 是一个更好的模型。

模型 M_d 在 M_c 的基础上增加了同时点上误差相关的限定。释放参数 Ψ_{23} 和 Ψ_{45} 之后，模型减少了 2 个自由度，卡方值减少了 41.2。与模型 M_c 相比，模型 M_d 的拟合度有了显著的改善，可是整个模型的拟合度在统计上依然是不可接受的（$X^2 = 89.8$，$df = 11$），这个拟合度与惠顿（Wheaton，1978）所估计的模型是相似的。

尽管我们是根据理论设定的模型 M_d，可是其拟合度并不好。M_d 中最大的修正指标是系数 Ψ_{24}，其修正指数为 36.6。Ψ_{24} 表明在时点 2 与时点 3 时预测 SES 方程的误差存在相关，这是合理的，因为模型中没有包含影响 SES 的变量。释放这一参数后，模型 M_c 的自由度减少了一个，其卡方值减少了 44.5，显著地改善了模型拟合度。模型 M_f 将这一限定扩展到不同时点时预测心理失调症状方程的误差项是相关的，尽管模型的拟合度并没有改善太多，但是在 95% 的置信水平上是显著的。

模型 M_f 的自由度为 9，卡方值为 40.8，在统计上讲，其拟合度依然不能被接受。模型修正指标显示，如果增加参数 θ'_{26}，模型的卡方会改善 17.37。然而，既然假定了 ϵ_6 的协方差为 0，释放 ϵ_2 和 ϵ_6 之间的协方差是没有意义的。这说明当利用模型修正指标来进行参数设定时，必须注意如果所增加的参数不符合理论或实际，那么对模型拟合的改善也是没有意义的。

协方差模型中的结构部分与结构方程模型是一致的（参见表 3.4 中的模型 M_b），不同的是在模型 M_d 中由时点 2 心理失调到时点 3 的 SES 的路径系数是显著的，这在表 3.4 的模型 M_b 与惠顿的模型中都是不显著的。这条路径系数是很重要的，惠顿将其称作社会选择效应，即时点 2 和时点 3 之间的地位获得受到了心理失调的影响。这与社会因果效应是相反的，即由时点 1 的 SES 到时点 2 的心理失调的路径系数。此处的分析同时为社会因果效应（β_{31}）与社会选择效应（β_{43}）提供了证据，而惠顿只发现了社会因果效应。

表 4.2　心理失调协方差结构的最大似然估计

参　数	模型 M_a	模型 M_b	模型 M_c	模型 M_d	模型 M_e	模型 M_f
γ_{11}	0.294 ***	0.294 ***	0.294 ***	0.294 ***	0.294 ***	0.294 ***
β_{21}	0.877 ***	0.862 ***	0.861^{a***}	0.860^{a***}	0.894^{a***}	0.893^{a***}
γ_{21}	0.026	0.031 *	0.031 *	0.031 *	0.021	0.021
β_{31}	-0.010 ***	-0.010 ***	-0.010 ***	-0.008 ***	-0.008 ***	-0.006 ***
γ_{31}	-0.002	-0.002	-0.002	0.000	-0.000	-0.000
β_{42}	0.844 ***	0.862^{a***}	0.861^{a***}	0.860^{a***}	0.894^{a***}	0.893^{a***}
β_{43}	0.052	0.160	-0.002	-1.495 ***	-0.846 **	-0.916 *
γ_{41}	0.061 ***	0.056 ***	0.055 ***	0.053 ***	0.044 **	0.045 ***
β_{52}	-0.000	0.000	-0.000	-0.000	-0.000	0.001

续　表

参　　数	模型 M_a	模型 M_b	模型 M_c	模型 M_d	模型 M_e	模型 M_f
β_{53}	0.601 ***	0.661 ***	0.619 ***	0.672 ***	0.649 ***	0.949 ***
γ_{51}	−0.002	−0.002	−0.002	−0.000	−0.000	0.000
$COR(\zeta_3, \zeta_2)$	—	—	—	0.293 ***	0.269 ***	0.243 ***
$COR(\zeta_4, \zeta_2)$	—	—	—	—	−0.276 ***	−0.268 ***
$COR(\zeta_5, \zeta_2)$	—	—	—	—	—	−0.389 ***
$COR(\zeta_5, \zeta_4)$	—	—	—	0.186	0.181	0.122
λ_{43}^y	0.211 ***	0.244^b ***	0.268^b ***	0.485^b ***	0.443^b ***	0.503^b ***
λ_{75}^y	0.271 ***	0.244^b ***	0.268^b ***	0.485^b ***	0.443^b ***	0.503^b ***
$REL(\eta_3, y_3)$	0.823	0.746	0.676	0.367	0.408	0.361
$REL(\eta_3, y_4)$	0.250	0.304	0.331	0.588	0.546	0.625
$REL(\eta_5, y_6)$	0.740	0.792	0.729	0.413	0.446	0.392
$REL(\eta_5, y_7)$	0.407	0.355	0.394	0.730	0.657	0.749
$COR(\epsilon_3, \epsilon_6)$	—	—	0.278	0.465 ***	0.457 ***	0.469 ***
$COR(\epsilon_4, \epsilon_7)$	—	—	0.140	−0.364 **	−0.200	−0.386 **
卡方值	142.65	147.49	131.00	89.84	45.37	40.79
df	13	15	13	11	10	9
p 值	0.00	0.00	0.00	0.00	0.00	0.00

注：罗马字母表示该参数限定等同。＊代表 p＜0.1，＊＊代表 p＜0.05，＊＊＊代表 p＜0.025。关于系数的解释可以参照图 4.1。所有的系数都没有标准化，采用的是完全信息最大似然估计法。

　　读者不应该将我们与惠顿的分析的差异看做对其的批评，本书在应用惠顿的模型时，做了许多简单的假定。这些简化是研究者为了设定模型所强加的，而它们过于简单。我们所发现的重大差异是以协方差模型的效力为代价的。由于这个模型的复杂性，在设定模型时，需要作出很多没有实际意义的假定，这些假定可能会直接影响到从模型中得出的实际结论。因为采用全信息模型，模型设定中的细微改变都有可能得出完全不同的结果。例如，从模型 M_c 到模型 M_d，社会选择效应（β_{43}）就经历了从不显著到显著的改变。同样，从模型 M_c 和模型 M_f 中，读者也可以看到改变其中一个参数会影响到模型中的其他参数。

模型中测量部分的重要意义在于保证了各自测量的信度。从模型 M_a 到模型 M_c，心理失调的测量（y_3 和 y_6）是最稳定的。然而，在模型 M_d 中，关于精神生理失调症状的测量是最稳定的（y_4 和 y_7），而且从模型 M_c 到模型 M_d，测量误差的协方差也变得显著了。

例4.2：参数估计与假设检验

本例在例3.3的基础上为每个内生变量增加了两个测量指标（比较图3.2和图4.2）。在第3章中，我们讨论到由于影响研究对象期望的因素和影响其朋友期望的因素是对称的，因此其对应的参数也应该是相等的。例如，研究对象智力水平对其期望的影响（γ_{12}）应该与其朋友的智力水平对其朋友的期望的影响（γ_{25}）是相等的。同样，研究对象职业期望（y_2）在其期望（η_1）上的因子负载与其朋友的职业期望（y_4）对其自身的期望（η_2）的影响是相等的，即 $\lambda_{21}^y = \lambda_{42}^y$。此设定的结果在表4.3的模型 M_a 中，该模型的自由度为24，卡方值为30.6，表明模型的拟合度是很好的。

表4.3 同辈对期望影响的协方差结构模型

参 数	模型 M_a	模型 M_b
β_{12}	0.202[a]***	0.201[a]***
γ_{11}	0.166[b]***	0.170[b]***
γ_{12}	0.307[c]***	0.310[c]***
γ_{13}	0.233[d]***	0.235[d]***
γ_{14}	0.071[e]***	0.074[e]***
β_{21}	0.202[a]***	0.201[a]***
γ_{23}	0.071[e]***	0.074[e]***
γ_{24}	0.233[d]***	0.235[d]***

续　表

参　数	模型 M_a	模型 M_b
γ_{25}	0.307^{c***}	0.310^{c***}
γ_{26}	0.166^{b***}	0.170^{b***}
$COR(\zeta_1, \zeta_2)$	-0.065	-0.162
λ_{21}^y	0.936^{f***}	0.908^{f***}
λ_{42}^y	0.936^{f***}	0.908^{f***}
$REL(\eta_1, y_1)$	0.450	0.475
$REL(\eta_1, y_2)$	0.394	0.392
$REL(\eta_2, y_3)$	0.464	0.490
$REL(\eta_2, y_4)$	0.406	0.403
$COR(\epsilon_2, \epsilon_4)$	—	0.267^{***}
$COR(\epsilon_1, \epsilon_3)$	—	0.065
卡方值	30.63	16.10
df	24	22
p 值	0.17	0.81

注：罗马字母表示该参数限定等同。＊代表 $p < 0.1$，＊＊代表 $p < 0.05$，＊＊＊代表 $p < 0.025$。关于系数的解释可以参照图 4.2。所有的系数都没有标准化，采用的是完全信息最大似然估计法。

该模型结构部分的结果与例 3.3 中结构方程模型的结果是一样的。在例 3.3 中由观测变量导致的变化，在这里就变成了由通过两个指标所反映的潜变量所导致的变化。对于研究对象和其朋友而言，都是教育期望的指标比职业期望更为可靠。

模型同时测量了研究对象与其朋友的教育期望，考虑到同一个指标用了两次，很有可能两个变量的误差是相关的，即 $\theta'_{13} \neq 0$。同样，职业期望的测量误差也是相关的，$\theta_{24} \neq 0$。模型 M_b 添加了这两个参数，增加了这两个参数后，模型 M_b 的自由度减少了 2 个，卡方减少了 14.5，表明模型拟合有了很大的提高。与模型 M_a 相比，模型 M_b 中的其他参数并没有太大的改变，表 4.3 显示模型 M_b 的自由度为 22，卡方值为 16.1。//

第 8 节 ｜ 小结

协方差结构模型是很复杂的，本书的介绍比较简单，因为我们没有介绍关于其数学模型的发展。掌握这个模型的最简单的方法就是学习并且应用。下面我们为读者推荐一些关于协方差结构模型的书本或文章：Alwin & Jackson，1982；Bagozzi，1981；Bielby et al.，1977；Bynner，1981；Dalton，1982；Jöreskog，1974，1978；Jundd & Milburn，1980；Kenny，1979；Kessler & Greenberg，1981；Krehbiel & Niemi，1982；Long，1981；Sullivan & Feldman，1979。LISREL 4.0 和 LISREL 5.0 的手册也包含了大量有用的应用（Jöreskog & Sörbom，1978，1981）。

第 **5** 章

结　论

因子模型、回归与相关模型、多元指标模型、二阶因子模型等都可以被整合到协方差结构模型分析的框架下。可是,尽管协方差结构模型有很强大的效力和灵活性,我们需要注意这个模型也存在着一些局限:第一,到目前为止,还没有关于跨组的模型比较。第二,尽管在实际研究中有许多变量是分类或定序的,ML 和 GLS 估计方法仍假定观测变量服从正态分布。第三,模型假定线性关系,对参数的限定要么为 0,要么相等。有大量的研究者致力于扩展这方面的研究,例如,本特勒、约瑞斯科、麦克唐纳(McDonald)、穆森(Múthen)、索尔波姆、威克斯等。《测量心理学》、《多元行为研究》、《英国统计与数学心理学期刊》、《计量经济学》等刊物会定期发表该模型研究的最新进展。关于协方差结构模型最新的研究进展的详细讨论超越了本书的内容,下面我们为读者提供协方差结构模型最新发展的简单介绍。

1. 分组比较。检验组间差异是很多研究的基本问题,比如变量 x 的影响对男性和女性的影响是否相同? 控制组与实验组之间是否有差异? 约瑞斯科和索尔波姆在 LISREL 5.0 和 6.0 中整合了协方差结构模型分析的组间比较程序。此外,本特勒、威克斯和麦克唐纳的讨论也包含了组间比较。组间差异比较要求同时对每个组估计其协方差结构,并且在组间比较各种参数限定。关于组间差异比较的应用可以参考索尔波姆和马吉德森的论著(Sörbom,1982;Magidson,1977)。

2. 离散数据分析。ML 和 GLS 的估计方法假定观测变量服从正态分布。如果数据是非正态的,建议用 ULS 估计法。如果变量是分类的或者定序的,可以假定它们反映了一个连续的不可观测的变量,在用 ULS 估计法时,输入 Polychoric、Tetrachoric 和 Polyserial 相关系数矩阵(参考 Jöreskog & Sörbom,1981:第 6 章)。约瑞斯科和索尔波姆展示了如何通过 LISREL 5.0 来分析离散数据。

3. 更为复杂的结构与限制。我们前文曾指出协方差结构模型可以通过参数的任何函数来解释观测变量的协方差(假定模型是可以识别的)。麦克唐纳(McDonald,1978)和约瑞斯科(Jöreskog,1978)讨论了各种函数形式,尽管这些函数形式很难应用到实际分析中。本特勒和麦克唐纳发展了一些不是那么普遍但是具有重要应用价值的模型。这些模型的优势在于包含更为广泛的参数限定形式及更为复杂的测量模型。

4. 协方差结构模型的软件。无论是基本的协方差结构模型还是较为复杂的协方差结构模型,都需要比较复杂的软件来估计。确实,协方差结构模型的每次重大突破都伴随着统计软件上的进步,因此有必要简单介绍一些可以用来估计协方差结构模型的软件程序。

第一个用来估计协方差结构模型的软件是由约瑞斯科和范西洛(Jöreskog & van Thillo,1972)在他们进行教育测验时写作的 LISREL。这个程序的第一个版本含有冗余的控制程序而且不能估计标准差，其优势在于它是第一个可以估计协方差结构模型的软件而且是免费的。LISREL 2.0 包含了标准误的计算，读者需要注意，这个版本里有些严重的错误。最新的版本是由国际教育服务发布的 LISREL 5.0[①]，这个版本简化了许多模型设定、ULS 和 ML 估计、标准误的估计、模型修正指标、初始值设定等的语言命令，而且还可以进行组间比较及定序变量的分析。

MILS 是由国家精神健康机构的罗纳德·舍恩伯格（Ronald Schoenberg）用 R 编写的，而且是免费的。MILS 可计算标准误、GLS 和 ML 估计、组间比较，而且扩展了一些包含乘法模型的协方差结构模型。MILS 的缺点在于其命令操作比较难，不提供初始值计算，而且没有提供一些有用的统计指标（比如模型修正指标）。其优势在于可以评估参数解的稳定性及计算间接效应的标准误。

由彼得·本特勒（Peter Bentler）发展的 EQS，包含了许多 LISREL 5.0 的特征，如可以进行组间比较，计算初始值，提供 ML 好 ULS 的估计。此外，EQS 还可以允许复杂的参数限定，计算 GLS 估计，以及估计由本特勒和威克斯（Bentler & Weeks，1979）发展出来的更为普遍的协方差结构模型。

在某些方面，由麦克唐纳发展的 COSAN 是目前最为普遍的程序，它允许研究者写作 FORTRAN 子程序来估计非标准化的模型。

考虑到协方差结构模型及估计软件的复杂性，研究者极有可能在写命令时出错，这不仅会导致错误的估计，而且也

---

① 目前最新的版本是 LISREL 8.7。——译者注

极为耗时。经验表明，正确的模型通常比错误的模型更为省时。除非研究者非常熟悉估计软件，重新估计已经发布的文章对于理解估计程序是很重要的。本书中的例子所用到的数据都包含在附录里，读者可以运用这些数据重新估计本书中的范例。

附　录

范例中的协方差/ 相关矩阵

表 A 惠顿模型的相关矩阵(N＝603)

变 量	FSES	SES1	SES2	SES3	PSY2	PHY2	PSY3	PHY3
FSES	1.000							
SES1	0.257	1.000						
SES2	0.248	0.882	1.000					
SES3	0.264	0.827	0.863	1.000				
PSY2	−0.072	−0.166	−0.096	−0.089	1.000			
PHY2	−0.038	−0.104	−0.016	−0.030	0.454	1.000		
PSY3	−0.092	−0.120	−0.088	−0.006	0.526	0.247	1.000	
PHY3	−0.013	−0.139	−0.011	−0.005	0.377	0.309	0.549	1.000
S.D.	19.98	22.82	22.85	22.69	1.45	0.555	1.38	0.503

注:变量的识别(括号中的标注表明分别对应例 3.2 和例 4.1):
FSES 为父亲的社会经济地位(ξ_1, x_1);
SES1 为研究对象时点 1 时的社会经济地位(η_1, y_1);
SES2 为研究对象时点 2 时的社会经济地位(η_2, y_2);
SES3 为研究对象时点 3 时的社会经济地位(η_4, y_5);
PSY2 为时点 2 时心理失调症状的数目(η_3, y_3);
PSY3 为时点 3 时心理失调症状的数目(none, y_4);
PSY2 为时点 2 时精神生理失调症状的数目(η_5, y_6);
PSY3 为时点 3 时精神生理失调症状的数目(none, y_7)。

资料来源:Blair Wheaton, "Sociogenesis of Psychological Disorder," *American Sociological Review*, vol.43, pp.383—403(表 2)。

表B　邓肯、哈勒和波特斯模型的相关矩阵(N=329)

变量	R-IQ	R-PASP	R-SES	R-OASP	R-EASP	F-IQ	F-PASP	F-SES	F-OASP	F-EASP
R-IQ	1.0000									
R-PASP	0.1839	1.0000								
R-SES	0.2220	0.0489	1.0000							
R-OASP	0.4105	0.2137	0.3240	1.0000						
R-EASP	0.4043	0.2742	0.4047	0.6247	1.0000					
F-IQ	0.3355	0.0782	0.2302	0.2995	0.2863	1.0000				
F-PASP	0.1021	0.1147	0.0931	0.0760	0.0702	0.2087	1.0000			
F-SES	0.1861	0.0186	0.2707	0.3930	0.2407	0.2950	-0.0438	1.0000		
F-OASP	0.2598	0.0839	0.2786	0.4216	0.3275	0.5007	0.1988	0.3607	1.0000	
F-EASP	0.2903	0.1124	0.3054	0.3269	0.3669	0.5191	0.2784	0.4105	0.6404	1.0000

注:变量的识别(括号中的标注表明分别对应对应3.3和例4.2):
R-IQ 为研究对象的IQ(ξ_2, x_2);
R-PASP 为研究对象父母的期望(ξ_1, x_1);
R-SES 为研究对象的社会经济地位(ξ_3, x_3);
R-OASP 为研究对象的职业期望(none, y_2);
R-EASP 为研究对象的教育期望(η_1, y_1);
F-IQ 为研究对象朋友的IQ(ξ_5, x_5);
F-SES 为研究对象朋友的社会经济地位(ξ_6, x_6);
F-PASP 为研究对象朋友父母的期望(ξ_4, x_4);
F-OASP 为研究对象朋友的职业期望(none, y_4);
F-EASP 为研究对象朋友的教育期望(η_2, y_3);
资料来源:O.D.Ducan、A.O.Haller & A.Portes, "Peer Influences on Aspirations: A Reinterpretation", *American Journal of Sociology*, vol.74, pp.119—137(表1)。

注释

[1] //表示范例已经结束。

[2] 更精确地说，这个条件意味着，通过重新排序方程，**B** 可以简化为三角矩阵。

[3] $(r \times c)$ 维的矩阵 **X** 的秩就是 **X** 子矩阵中最大的非奇异矩阵，例如，矩阵 $\mathbf{X} = \begin{bmatrix} 1 & 2 \\ 3 & 4 \end{bmatrix}$ 的秩为 2，因此 **X** 是可逆的；再例如，$\mathbf{X} = \begin{bmatrix} 1 & 2 & 1 \\ 3 & 4 & 3 \\ 1 & 1 & 1 \end{bmatrix}$ 的秩为 2，因此 **X** 是不可逆的，但是 $\begin{bmatrix} 1 & 2 \\ 3 & 4 \end{bmatrix}$ 是矩阵 **X** 的最大子矩阵而且是可逆的。

[4] 这里的一般最小二乘法是指单个方程的估计方法，有时特指 Airken 的最小平方。

[5] 这种估计方法与计量经济学是不同的。ULS 和 GLS 的估计值与文献中常见的是不一样的。ML 对应完全信息最大似然，这与马林沃德 (Malinvaud，1970)的估计是相似的。

[6] 恰好识别模型的自由度为 0，但并不是自由度为 0 的都是恰好识别模型，不能识别的模型的自由度也可以为 0。

[7] 关于因果模型中的直接效应、间接效应和总效应的详细处理可以参考 Wonnacott & Wonnacott，1981：194—207；Alwin & Hauser，1975；Duncan，1975。

[8] 惠顿指出，尽管在追踪数据模型中，通常会施加等同限定，但是在这里并不适合。例如亨内平(Hennepin)地区在时点 2 和时点 3 之间经历了工业化，然而在时点 1 到时点 2 之间并没有工业化。因此，社会经济地位(SES)的稳定性可能会改变。然而，为了教学，我们采用这种等同限定是很有帮助的。

[9] 这些结果并不仅适合协方差结构模型，它们也可以应用到统计推断的其他问题中。

[10] 我们的设定与惠顿的设定有两个主要差异：第一，惠顿假定关于 SES 的测量是不完美的，我们假定其测量是完美的；第二，我们假定不同时间上早期社会经济地位对后来社会经济地位影响的稳定性，而惠顿并没有采用这一假定(注释[8])。此处的模型修正是出于教育目的，而非实际情况。我们建议读者阅读原文。

参考文献

ALWIN, D.F. and R.M. HAUSER(1975)"The decomposition of effects in path analysis." *American Sociological Review* 40:37—47.

ALWIN, D.F. and D.J. JACKSON(1982) "The statistical analysis of Kohn's measures of parental values," pp.197—223 in H.Wold and K.Jöreskog (eds.) *Systems Under Indirect Observation*. New York: Elsevier North-Holland.

BAGOZZI, R.P.(1981) "An examination of the validity of two models of attitude." *Multivariate Behavioral Research* 16:323—359.

BENTLER, P.M.(1980) "Multivariate analysis with latent variables: causal modeling." *Annual Review of Psychology* 31:419—456.

BENTLER, Peter M.(1989) *EQS: Structural Equations Program Manual*. Los Angeles: BMDP Software.

——(1976) "Multistructure statistical model applied to factor analysis." *Multivariate Behavioral Research* 11:3—25.

——D.G. BONETT (1980) "Significance tests and goodness-of-fit in the analysis of covariance structures." *Psychological Bulletin* 88:588—606.

BENTLER, P.M. and D.G. WEEKS(1979) "Interrelations among models for the analysis of moment structures." *Multivariate Behavioral Research* 14:169—185.

BIELBY, W.T., R.M. HAUSER and D.L. FEATHERMAN(1977) "Response errors of nonblack males in models of the stratification process." *Journal of the American Statistical Association* 72:723—735.

BLAU, P. and O.D. DUNCAN(1967) *American Occupational Structure*. New York: John Wiley.

BOCK, R.D. and R.E. BARGMANN(1966) "Analysis of covariance structures." *Psychometrika* 31:507—534.

BOLLEN, Kenneth A.(1989) *Structural Equations with Latent Variables*. New York: John Wiley.

BOOMSMA, A.(1982) "The robustness of LISREL against small sample sizes in factor analysis models," pp.149—173 in H.Wold and K.Jöreskog (eds.) *Systems Under Indirect Observation*. New York: Elsevier North-Holland.

BROWNE, M. W. (1974) "Generalized least-squares estimators in the analysis of covariance structures." *South African Statistical Journal* 8: 1—24.

BYNNER, J.(1981) "Use of LISREL in the solution to a higher-order factor problem in a study of adolescent self-images." *Quality and Quantity* 15:523—540.

DALTON, R.J.(1982) "The pathways of parental socialization." *American Politics Quarterly* 10:139—157.

DUNCAN, O.D.(1975) *Introduction to Structural Equation Models*. New York: Academic.

——A. O. HALLER, and A. PORTES (1971) "Peer influences on aspirations: a reinterpretation," pp.219—244 in H.M. Blalock, Jr.(ed) *Causal Models in the Social Sciences*. Chicago: Aldine.

FISHER, F.M.(1966) *The Identification Problem in Econometrics*. New York: McGraw-Hill.

FOX, J.(1980) "Effect analysis in structural equation models." *Sociological Methods and Research* 9:3—28.

GOLDBERGER, A.S.(1971) "Econometrics and psychometrics: a survey of communalities." *Psychometrika* 36:83—107.

——O.D. DUNCAN(1973) *Structural Equation Models in the Social Sciences*. New York: Seminar.

GRAFF, J. and P.SCHMIDT(1982) "A general model for decomposition of effects," pp.197—223 in H.Wold and K.Jöreskog(eds.) *Systems Under Indirect Observation*. New York: Elsevier North-Holland.

GUILFORD, J.P. and B. FRUCHTER (1978) *Fundamental Statistics in Psychology and Education*. New York: McGraw-Hill.

HANUSHEK, E.A. and J.E. JACKSON(1977) *Statistical Methods for Social Scientists*. New York: Academic.

JÖRESKOG, K.G.(1978) "Statistical analysis of covariance and correlation matrices." *Psychometrika* 43:443—477.

——(1974)"Analyzing Psychological data by structural analysis of covariance matrices," pp. 1—54 in R. C. Atkinson et al. (eds.) *Contemporary Developments in Mathematical Psychology*, vol. 2. San Francisco: Freeman.

——(1973) "A general method for estimating a linear structural equation system," pp.85—112 in A.S. Goldberger and O.D. Duncan(eds.) *Structural Equation Models in the Social Sciences*. New York: Seminar.

——A. S. GOLDBERGER（1972）"Factor analysis by generalized least squares." *Psychometrika* 37:243—260.

JÖRESKOG, K.G. and D.SÖRBOM(1981) *LISREL V.User's Guide*. Chicgao: National Educational Resources.

——(1978) *LISREL IV. User's Guide*. Chicago: National Educational Resources.

——(1976) *LISREL III: Estimation of Linear Structural Equation Systems by Maximum Likelihood Methods. User's Guide*. Chicago: International Educational Services.

JÖRESKOG, K.G. and M. van THILLO(1973) LISREL: A General Computer Program for Estimating a Linear Structural Equation System Involving Multiple Indicators of Unmeasured Variables. Research report 73—5. Department of Statistics, Uppsala University, Uppsala Sweden.

JÖRESKOG, Karl G., and D.SÖRBOM(1988) *LISREL 7: A Guide to the Program and Applications*. Chicago: SPSS, Inc.

——M. van Thillo(1972) *LISREL: A General Computer Program for Estimating a Linear Structural Equation System Involving Multiple Indicators of Unmeasured Variables*. Princeton, NJ: Educational Testing Service.

JUDD, C. M. and M. A. MILBURN（1980）"The structure of attitude systems in the general public." *American Sociological Review* 45: 627—643.

KENNY, D.A.(1979) *Correlation and Causality*. New York: John Wiley.

KEESLING, W.（1972）"Maximum likelihood approaches to causal flow analysis." Ph.D. dissertation University of Chicago.

KESSLER, R.C. and D.F. GREENBERG（1981）*Linear Panel Analysis*. New York: Academic.

KMENTA, J.(1971) *Elements of Econometrics*. New York: Macmillan.

KREHBIEL, K. and R.G. NIEMI(1982) "A new specification and test of the structuring principle." Paper delivered at the annual meeting of the American Political Science Association.

LEE, S.Y.(1977) "Some algorithms for covariance structure analysis." Ph.D. dissertation. University of California, Los Angeles.

LONG, J.S.(1981) "Estimation and hypothesis testing in linear models containing measurement error," pp.209—256 in P.V. Marsden(ed.) *Linear Models in Social Research*. Beverly Hills, CA: Sage.

McDONALD, R.P.(1980) "A simple comprehensive model for the analysis of covariance structures: some remarks on applications." *British Journal of Mathematical and Statistical Psychology* 33:161—183.

McDONALD, R.P.(1978) "A simple comprehensive model for the analysis of covariance structures." *British Journal of Mathematical and Statistical Psychology* 31:59—72.

MAGIDSON, J.(1977) "Toward a causal model approach for adjusting for preexisting differences in the nonequivalent control group situation: general alternative to ANCOVA." *Evaluation Quarterly* 1:399—419.

MALINVAUD, E.(1970) *Statistical Methods of Econometrics.* New York: Elsevier North-Holland.

SCHOENBERG, R.(1982) *MILS: A Computer Program to Estimate the Parameters of Multiple Indicator Linear Structural Models.* Bethesda, MD: National Institutes of Health.

SÖRBOM, D.(1982) "Structural equation models with structured means," pp.183—195 in H.Wold and K.Jöreskog(eds.) *Systems under Indirect Observation.* New York: Elsevier North-Holland.

——(1975) "Detection of correlated errors in longitudinal data." *British Journal of Mathematical and Statistical Psychology* 28:138—151.

SULLIVAN, J.L. and S.FELDMAN(1979) *Multiple Indicators.* Beverly Hills, CA: Sage.

THEIL, H.(1971) *Principles of Econometrics.* New York: John Wiley.

WHEATON, B.(1978) "The sociogenesis of psychological disorder." *American Sociological Review* 43:383—403.

——B.MUTHEN, D.ALWIN, and G.SUMMERS(1977) "Assessing reliability and stability in panel models," pp.84—136 in D.R. Heise(ed.) *Sociological Methodology*, 1977. San Francisco: Jossey-Bass.

WILEY, D. E. (1973) "The identification problem for structural equation models with unmeasured variables," pp.69—83 in A.S. Goldberger and O.D. Duncan(eds.) *Structural Equation Models in the Social Sciences.* New York: Seminar.

WONNACOTT, R.J. and T.H. WONNACOTT(1979) *Econometrics.* New York: John Wiley.

WONNACOTT, R.H. and R.J. WONNACOTT(1981) *Regression: A Second Course in Statistics.* New York: John Wiley.

译名对照表

Confirmatory Factor Analysis(CFA)	验证性因子分析
Covariance Structure Models(CSM)	协方差结构模型
endogenous variables	内生变量
estimation	估计
exogenous variables	外生变量
factor loading	因子负载
full information techniques	完全信息技术
Gereralized Least Squares(GLS)	一般最小二乘法
goodness of fit	拟合度
identification	识别
latent variables	潜变量
limited information techniques	有限信息技术
Maximum Likehood(ML)	最大似然估计
measurement model	测量模型
observed variables	观测变量
order condition	阶条件
panel model	追踪数据模型
rank condition	秩条件
recursive model	递归模型
simultaneous equation systems	联立方程系统
specification	设定
structure equation model	结构方程模型
Unweighted Least Squares(ULS)	未加权的最小二乘法

图书在版编目(CIP)数据

协方差结构模型:LISREL 导论/(美)朗
(Long,S.J.)著;李忠路译.—上海:格致出版社:
上海人民出版社,2014
(格致方法·定量研究系列)
ISBN 978-7-5432-2442-1

Ⅰ.①协… Ⅱ.①朗… ②李… Ⅲ.①协方差-结构
模型 Ⅳ.①0211.67

中国版本图书馆 CIP 数据核字(2014)第 207900 号

责任编辑 顾 悦
美术编辑 路 静

格致方法·定量研究系列

协方差结构模型:LISREL 导论

[美]J.斯科特·朗 著

李忠路 译

出 版	世纪出版股份有限公司 格致出版社	印 刷	浙江临安曙光印务有限公司
	世纪出版集团 上海人民出版社	开 本	920×1168 1/32
	(200001 上海福建中路 193 号 www.ewen.co)	印 张	4.25
		字 数	81,000
	编辑部热线 021-63914988	版 次	2014 年 11 月第 1 版
	市场部热线 021-63914081	印 次	2014 年 11 月第 1 次印刷
	www.hibooks.cn		
发 行	上海世纪出版股份有限公司发行中心		

ISBN 978-7-5432-2442-1/C·112   定价:20.00 元